HydroMPM2D
水动力及其伴生过程耦合
数学模型原理与应用

珠江水利科学研究院

水利部珠江河口动力学及伴生过程调控重点实验室

胡晓张　宋利祥　著

中国水利水电出版社
www.waterpub.com.cn
·北京·

内 容 提 要

HydroMPM2D 是一套水动力及其伴生过程耦合数学模型，包括多个系列模型，本书围绕 HydroMPM2D 模型组成，分别介绍了 HydroMPM2D 模型体系、HydroMPM2D _ FLOW 二维浅水流动数学模型、HydroMPM2D _ SWAN 二维波流耦合数学模型、HydroMPM2D _ AD 二维对流-扩散数学模型、HydroMPM2D _ ECOLOGY 二维水生态多过程耦合数学模型、HydroMPM2D _ SED 二维泥沙数学模型，以及基于显卡 GPU 的并行计算技术和 HydroMPM 多过程耦合数学模型的 GPU 并行化方法等。

本书可供设计院、科研院所、高等院校等模型研发及应用人员研究和学习参考。

图书在版编目（CIP）数据

HydroMPM2D水动力及其伴生过程耦合数学模型原理与应用 / 胡晓张，宋利祥著. -- 北京：中国水利水电出版社，2018.12
ISBN 978-7-5170-7253-9

Ⅰ. ①H… Ⅱ. ①胡… ②宋… Ⅲ. ①水动力学－数学模型－研究 Ⅳ. ①TV131.2

中国版本图书馆CIP数据核字(2018)第298640号

书　　名	**HydroMPM2D 水动力及其伴生过程耦合数学模型原理与应用** HydroMPM2D SHUI DONGLI JI QI BANSHENG GUOCHENG OUHE SHUXUE MOXING YUANLI YU YINGYONG
作　　者	珠江水利科学研究院 水利部珠江河口动力学及伴生过程调控重点实验室 胡晓张　宋利祥　著
出版发行	中国水利水电出版社 （北京市海淀区玉渊潭南路 1 号 D 座　100038） 网址：www. waterpub. com. cn E - mail：sales@waterpub. com. cn 电话：(010) 68367658（营销中心）
经　　售	北京科水图书销售中心（零售） 电话：(010) 88383994、63202643、68545874 全国各地新华书店和相关出版物销售网点
排　　版	中国水利水电出版社微机排版中心
印　　刷	北京博图彩色印刷有限公司
规　　格	184mm×260mm　16 开本　12.5 印张　259 千字
版　　次	2018 年 12 月第 1 版　2018 年 12 月第 1 次印刷
印　　数	0001—1000 册
定　　价	**98.00 元**

凡购买我社图书，如有缺页、倒页、脱页的，本社营销中心负责调换

前　言

　　水动力及其伴生过程包括浅水流动、波浪传播、盐度输运、污染物迁移转化、泥沙输移及河床冲淤变形等。准确、稳定、高效地模拟水动力及其伴生过程，一直是国内外学术界和工程界的研究热点与难点。近年来，随着计算机技术、数值计算理论的快速发展，国内外学者在水动力及其伴生过程数值模拟方面取得了丰硕的成果。其中，以 Godunov 型有限体积法为代表的显式数值计算方法，被广泛用于水动力及其伴生过程数值模拟中，并取得了良好的实际应用效果。本书总结了作者近年来在水动力及其伴生过程数值模拟方面的最新研究成果，在综述数学模型研究进展的基础上，介绍了 HydroMPM2D 二维水动力及其伴生过程耦合数学模型的开发背景及模型体系，建立了一套水动力及其伴生过程耦合数学模型，包括水流模型、波浪模型、波流耦合模型、对流-扩散模型、水生态多过程耦合模型，以及考虑潮流、波浪、盐度、泥沙相互作用的水沙输运及河床演变模型。HydroMPM2D 模型基于 Godunov 型有限体积法，并采用 OpenACC 编程模式实现了 GPU 并行计算。本书详细介绍了模型原理、数值计算方法和实际应用，可为模型研发及应用人员提供技术参考。

　　本书主要内容包括：HydroMPM2D 二维水动力及其伴生过程耦合数学模型的开发背景及模型体系；HydroMPM2D _ FLOW 二维浅水流动数学模型原理及应用；HydroMPM2D _ SWAN 二维波流耦合数学模型原理及应用；HydroMPM2D _ AD 二维对流-扩散数学模型原理及应用；HydroMPM2D _ ECOLOGY 二维水生态多过程耦合数学模型原理及应用；HydroMPM2D _ SED 二维泥沙数学模型原理及应用；基于显卡 GPU 的并行计算技术，以及 HydroMPM 多过程耦合数学模型的 GPU 并行化方法等。

本书第 1 章由胡晓张、宋利祥编写，第 3、第 5、第 6、第 8 章由胡晓张编写，第 2、第 4、第 7 章由宋利祥编写。全书由宋利祥统稿，胡晓张定稿。

本书的出版得到了国家重点研发计划资助（2017YFC0405900），本书在撰写过程中，参考和引用了国内外多位专家和学者的数据和研究成果，在此表示衷心感谢。

水动力及其伴生过程耦合数值模拟是一项涉及多个学科和多个专业的复杂工作，由于作者学识有限、时间仓促，本书难免有疏漏和不当之处，真诚希望各位读者给予批评指正。

作者

2018 年 8 月于广州

目录

前言

第1章 绪论 ……………………………………………………………………… 1

  1.1 数学模型研究进展 ………………………………………………………… 1

  1.2 HydroMPM 数学模型体系 ……………………………………………… 3

第2章 HydroMPM2D_FLOW 数学模型原理及应用 …………………… 5

  2.1 二维水流运动控制方程 …………………………………………………… 5

  2.2 数值计算方法 ……………………………………………………………… 9

  2.3 模型验证与应用 …………………………………………………………… 27

  2.4 小结 ………………………………………………………………………… 49

第3章 HydroMPM2D_SWAN 数学模型原理及应用 ………………… 50

  3.1 SWAN 模型简介 ………………………………………………………… 50

  3.2 SWAN 模型的控制方程和数值算法 …………………………………… 51

  3.3 SWAN 模型的物理过程和源项处理 …………………………………… 52

  3.4 波流耦合原理 ……………………………………………………………… 52

  3.5 模型验证与应用 …………………………………………………………… 54

  3.6 沿岸流模拟 ………………………………………………………………… 92

  3.7 小结 ………………………………………………………………………… 94

第4章 HydroMPM2D_AD 数学模型原理及应用 …………………… 95

  4.1 对流−扩散方程 …………………………………………………………… 95

  4.2 数值计算方法 ……………………………………………………………… 95

  4.3 模型验证 …………………………………………………………………… 96

  4.4 小结 ………………………………………………………………………… 102

第5章 HydroMPM2D_ECOLOGY 数学模型原理及应用 …………… 103

  5.1 水流−水质−底泥耦合模型 ……………………………………………… 103

  5.2 水生态数学模型 …………………………………………………………… 107

  5.3 水生态修复工程概化 ……………………………………………………… 114

  5.4 模型验证与应用 …………………………………………………………… 118

5.5　小结 ……………………………………………………………………… 138

第 6 章　HydroMPM2D _ SED 数学模型原理及应用 ……………………… 139

6.1　控制方程 ……………………………………………………………… 139

6.2　数值求解 ……………………………………………………………… 142

6.3　关键问题的处理 ……………………………………………………… 143

6.4　模型验证与应用 ……………………………………………………… 155

6.5　小结 …………………………………………………………………… 167

第 7 章　HydroMPM2D _ GPU 并行计算模型 ……………………………… 168

7.1　并行编程语言选择 …………………………………………………… 168

7.2　并行计算模型研究 …………………………………………………… 169

7.3　高速计算方法加速性能分析 ………………………………………… 170

7.4　小结 …………………………………………………………………… 182

第 8 章　结语 ……………………………………………………………… 183

参考文献 …………………………………………………………………… 184

第 1 章

绪　　论

1.1　数学模型研究进展

近年来，随着数值计算方法和计算机技术的发展，水动力及其伴生过程数学模型得到了长足的发展，在计算网格、复杂地形处理、干湿界面处理、求解格式等方面取得了丰硕的成果。

1. 计算网格

网格生成是数值模拟的重要步骤之一，网格的布置方式将对数值模型的计算精度产生重要影响。按网格结构的几何拓扑关系，计算网格可分为结构网格和非结构网格。

常用的结构网格包括矩形网格、正交曲线网格和非正交曲线网格等。矩形网格是最简单的计算网格，具有生成简单、便于存储等优点，同时也存在对不规则边界拟合精度较差等缺陷。曲线网格是通过坐标变换生成的，对不规则边界拟合能力较强，在二维水动力及其伴生过程数值模拟中得到了广泛应用。然而，正交曲线网格的生成过程较为烦琐、耗时。

非结构网格是近年来得到迅速发展和广泛应用的计算网格。非结构网格对单元的组织形式没有限制，单元的位置可以任意分布，大小和形状也可以灵活多变，因而具有很强的复杂边界拟合能力。目前较为常用的非结构网格包括非结构三角形网格、非结构四边形网格、非结构混合网格和四叉树网格等。其中，非结构三角形网格生成方法主要包括前沿生成法和 Delaunay 方法。非结构网格具有网格生成速度快、效率高、便于局部网格加密等优势，目前已被广泛用于二维水动力及其伴生过程数值模拟研究中，其中，非结构三角形-四边形混合网格是当前应用最为广泛的网格类型。

2. 复杂地形处理

地形条件对二维水动力及其伴生过程起着决定性的作用。从控制方程上看，地形对水流的作用体现在底坡项上；从物理机制上看，总体而言，物质输运的主要载

1

体——水流是在重力作用下沿着地势低的方向流动。因此,准确模拟二维水动力及其伴生过程的关键在于数值模型能够较好地处理强不规则地形。

近年来,国内外学者提出了不同的复杂地形处理方法。王鑫等(2009)分析了底坡项对数值稳定性的影响,指出陡峭坡面上的水流数值计算时,即使时间步长满足克朗稳定条件(Courant-Friedrichs-Lewy,CFL),也可能出现计算失稳的情况,或者需要远比克朗稳定条件更为苛刻的时间步长,从而导致计算效率急剧下降。为解决该问题,王鑫等(2009)提出了用算子分裂方法处理底坡项的自适应时间步长方法,在保证计算稳定的前提下模型效率达到数量级上的提高。Liang 和 Borthwick(2009)提出了复杂地形条件下自适应网格生成技术,实现了地形变化剧烈的地方自适应加密网格,提高了模型的地形分辨能力。Begnudelli 和 Sanders(2006)将底高程定义在三角形顶点上,使得数值模型中地形表达具有二阶精度,提高了模型的模拟准确性。宋利祥等(2011)基于斜底三角单元,建立了适应复杂地形的溃坝洪水演进模型。

3. 干湿界面处理

干湿界面处理是数值模拟的难题之一。首先,干湿界面附近水深极小,因此在对流速进行更新时容易产生大流速,进而影响计算效率;其次,干湿界面处 Riemann 解结构中波前速度大于特征速度,因而容易引起计算失稳问题。围绕上述问题,国内外许多学者提出了不同的干湿界面处理方法。Zhao 等(1994)根据水深值大小对单元和边进行干湿分类。George(2008)提出了干湿界面处重构 Riemann 问题的镜像单元法,根据不同的左、右单元水位和底高程情况,分别确定用于计算数值通量的 Riemann 问题左、右初始间断值,提高了模型的干湿界面处理能力。Liang 和 Borthwick(2009)提出了干湿界面处底高程的局部修正方法。Begnudelli 和 Sanders(2006)提出了斜底三角单元上的水位-体积关系,能在保证水量守恒的前提下更为合理地对单元的干湿状态进行分类。宋利祥等(2011)提出了斜底三角单元的干湿分类方法,实现了半干半湿单元的动量方程计算与流速更新,提供了干湿界面计算精度。

4. 求解格式

自 20 世纪 50 年代首次应用于模拟河道水流以来,有限差分法至今仍是二维水动力及其伴生过程数值模拟中应用较为广泛的基本方法。该方法数学概念清晰直观,表达简单,其解的存在性、收敛性和稳定性早已有较完善的研究成果,是比较成熟的数值模拟方法。根据所采用的空间差分和时间差分形式不同,有限差分法可以分为显式、隐式及显-隐式交替等方法。显式差分格式为了保持其计算稳定性,需严格遵守克朗稳定条件,时间步长和空间步长受到限制。隐式差分格式是无条件稳定的,但在实际应用中,其时间步长也有一定的限制。交替方向隐格式法(Alternating Direction Implicit,ADI)是一种显-隐格式交替使用的有限差分格式,目前已广泛应用于河道及潮汐河口计算中,然而在模拟溃坝洪水等具有强间断水面问题时遭到失败。

有限体积法把整个计算区域划分为若干相互连接但不重叠的控制单元，计算出每个控制单元边界沿法向流入与流出的流量和动量通量后，对每个控制单元分别进行流量和动量的平衡计算，最终得到计算时段末各控制单元的平均水深和流速。有限体积法能严格满足物理守恒定律，不存在守恒量的误差。有限体积法的误差主要来自对界面数值通量的估算，目前已经发展了多种界面数值通量计算方法，主要包括通量平均格式、通量向量分裂格式（Flux Vector Splitting，FVS）、通量差分分裂格式（Flux Difference Splitting，FDS），以及 Roe、Osher、HLL、HLLC 等 Riemann 求解算子。其中，基于 Riemann 问题求解的 Godunov 型格式是目前模拟二维水动力及其伴生过程的主流数值格式。

有限体积法既具有几何灵活性，又具有较高的计算效率，在求解溃坝洪水等具有大梯度或间断解的强非恒定水流运动问题时具有非常大的优势。同时，由于具有严格的物质守恒性，有限体积法在对流-扩散方程求解方面也具有较好的应用前景。

5. 数学模型体系

水动力及其伴生过程数学模型包括浅水模型、波浪模型、水质模型、泥沙模型等。长期以来，国内外学者从单一或者轻量级耦合的角度研究较多，例如水流模型、水沙耦合模型或波流耦合模型。这类模型往往针对某一类具体的应用，综合考虑计算精度和效率的需求，对主要的动力学过程进行了合理概化，忽略或通过简化方式处理其他次要的伴生过程。随着计算机技术的进步，尤其是近年来 GPU 设备的快速发展，普通计算机和小型工作站的计算能力得到了显著提高，使得水动力及其伴生过程全耦合模型的高性能计算成为可能。因此，从增强模型适用性的角度，建立水动力及其伴生过程耦合数学模型及高速计算方法是未来的发展趋势之一。

1.2 HydroMPM 数学模型体系

HydroMPM（Hydro Multi - Process Modelling）旨在利用数值计算手段对水流、泥沙、水质、咸潮等水动力及其伴生过程进行模拟分析。HydroMPM 计算模式见表 1.1。

表 1.1   **HydroMPM 计算模式**

计算模式	主要应用对象	主要原理
一维	内河、感潮河网	Pressimann 差分、分级联解
二维	河湖、外海、城区地表	混合网格、有限体积法
一维-二维耦合	河网-防洪保护区-河口及外海	侧向耦合、纵向耦合

从计算模式分类，HydroMPM 包括一维（HydroMPM1D）、二维（HydroMPM2D）和一维-二维耦合（HydroMPM12D）等。本文主要介绍 HydroMPM2D 二维水动力及其伴生过程耦合数学模型，包括以下数学模型：

（1）HydroMPM2D_FLOW（二维浅水流动数学模型）。该模型能适用于河道、洪泛区、城市、河口及近海区等实际地形上的二维浅水动力学模型，包括河道洪水演进、具有干河床的溃坝（堤）洪水演进、弯道水流、暴雨山洪、风生流模拟等。

（2）HydroMPM2D_SWAN（二维波流耦合数学模型）。该模型实现了非结构三角形、四边形混合网格上潮流、波浪模型耦合计算，突破了原 SWAN 代码非结构计算模式仅适用三角网格的局限，实现了非结构三角形、四边形混合网格上的波浪计算；考虑了水流-波浪的相互作用，实现了波流耦合计算，为沿岸流模拟提供技术手段。

（3）HydroMPM2D_AD（二维对流-扩散数学模型）。该模型针对一般物质组分，考虑对流、扩散、降解等过程，结合 MUSCL-Hancock 预测-校正格式，实现了复杂条件下水流-物质对流扩散过程的高精度数值模拟，为盐度数学模型、水质水生态数学模型、泥沙数学模型提供基础。

（4）HydroMPM2D_ECOLOGY（二维水生态多过程耦合数学模型）。该模型在非结构网格水流模型基础上，考虑了溶解氧、氨氮、硝酸盐氮、有机氮、无机磷、有机磷、碳生化需氧量、叶绿素 a 等 8 个水质变量及其相互作用的溶解氧平衡子系统、氮循环子系统、磷循环子系统和浮游植物动力学子系统，较为全面地概化了水体中各相污染物迁移转化过程。

（5）HydroMPM2D_SED［水（潮）流-盐度-波浪-泥沙耦合数学模型］。该模型可模拟波生流、波浪破碎带及沿岸流等输沙过程，解决受波浪影响的河口区发育演变、砂质岬间弧形海湾体系演变等复杂过程模拟难题；此外，在挟沙力模式基础上，增加了切应力模式，起动条件更直接，且回归到力学问题，便于进一步探讨泥沙起动机理。

（6）HydroMPM2D_GPU（并行计算模型）。选取 OpenACC 并行编程模式，实现了二维水动力及其伴生过程耦合数学模型的 CPU-GPU 异构并行计算，显著提高了模型计算效率。

第 2 章

HydroMPM2D _ FLOW 数学模型原理及应用

本章针对二维水流（潮流）运动模拟，基于完整的二维浅水方程，考虑降雨/下渗、柯氏力、床底切应力、风应力、波浪辐射应力、弯道环流、干湿边界等因素，采用非结构网格 Godunov 型有限体积法，建立了普适性较好的 HydroMPM2D _ FLOW 二维浅水流动数学模型，模型功能与特点包括以下：

（1）适用范围广。能适用于河道、洪泛区、城市、河口及近海区等实际地形上的二维浅水动力学模型，包括河道洪水演进、具有干河床的溃坝（堤）洪水演进、弯道水流、暴雨山洪、风生流模拟等。

（2）计算稳定性好。采用斜底单元处理干湿动边界问题，采用半隐式格式解决了摩阻项刚性问题，显著提升了模型的计算稳定性。模型已成功应用于地形起伏大、水深极浅的山区暴雨洪水模拟。

（3）计算效率较高。通过优化程序结构和算法流程，获得了较高的计算效率。

2.1　二维水流运动控制方程

采用守恒形式的二维浅水方程：

$$\frac{\partial \boldsymbol{U}}{\partial t} + \frac{\partial \boldsymbol{E}^{\mathrm{adv}}}{\partial x} + \frac{\partial \boldsymbol{G}^{\mathrm{adv}}}{\partial y} = \frac{\partial \boldsymbol{E}^{\mathrm{diff}}}{\partial x} + \frac{\partial \boldsymbol{G}^{\mathrm{diff}}}{\partial y} + \frac{\partial \boldsymbol{E}^{\mathrm{dis}}}{\partial x} + \frac{\partial \boldsymbol{G}^{\mathrm{dis}}}{\partial y} + \boldsymbol{S} \tag{2.1}$$

式中：$\boldsymbol{U}$ 为守恒向量；$\boldsymbol{E}^{\mathrm{adv}}$、$\boldsymbol{G}^{\mathrm{adv}}$ 分别为 x、y 方向的对流通量向量；$\boldsymbol{E}^{\mathrm{diff}}$、$\boldsymbol{G}^{\mathrm{diff}}$ 分别为 x、y 方向雷诺应力引起的扩散通量向量；$\boldsymbol{E}^{\mathrm{dis}}$、$\boldsymbol{G}^{\mathrm{dis}}$ 分别为 x、y 方向二次流引起的扩散通量向量；$\boldsymbol{S}$ 为源项向量。

$$\boldsymbol{U} = \begin{bmatrix} h \\ hu \\ hv \end{bmatrix} \quad \boldsymbol{E}^{\mathrm{adv}} = \begin{bmatrix} hu \\ hu^2 + \frac{1}{2}g(h^2 - b^2) \\ huv \end{bmatrix} \quad \boldsymbol{G}^{\mathrm{adv}} = \begin{bmatrix} hv \\ huv \\ hv^2 + \frac{1}{2}g(h^2 - b^2) \end{bmatrix}$$

$$E^{\mathrm{diff}}=\begin{bmatrix}0\\2h\nu_{\mathrm{t}}\dfrac{\partial u}{\partial x}\\h\nu_{\mathrm{t}}\left(\dfrac{\partial u}{\partial y}+\dfrac{\partial v}{\partial x}\right)\end{bmatrix}\quad G^{\mathrm{diff}}=\begin{bmatrix}0\\h\nu_{\mathrm{t}}\left(\dfrac{\partial u}{\partial y}+\dfrac{\partial v}{\partial x}\right)\\2h\nu_{\mathrm{t}}\dfrac{\partial v}{\partial y}\end{bmatrix}\quad E^{\mathrm{dis}}=\begin{bmatrix}0\\hD_{xx}\\hD_{yx}\end{bmatrix}\quad G^{\mathrm{dis}}=\begin{bmatrix}0\\hD_{xy}\\hD_{yy}\end{bmatrix}$$

$$S=S_0+S_f=\begin{bmatrix}r-i\\g(h+b)S_{0x}-ghS_{fx}+fhv+\dfrac{\tau_x^s}{\rho}-\dfrac{1}{\rho}\left(\dfrac{\partial S_{xx}}{\partial x}+\dfrac{\partial S_{xy}}{\partial y}\right)\\g(h+b)S_{0y}-ghS_{fy}-fhu+\dfrac{\tau_y^s}{\rho}-\dfrac{1}{\rho}\left(\dfrac{\partial S_{yx}}{\partial x}+\dfrac{\partial S_{yy}}{\partial y}\right)\end{bmatrix}\tag{2.2}$$

式中：h 为水深，m；u、v 分别为垂直方向平均流速在 x、y 方向的分量，m/s；b 为底高程，m；r 为降雨强度，m/s；i 为入渗强度，m/s；ν_t 为水平方向的紊动黏性系数；D_{xx}、D_{xy}、D_{yx}、D_{yy} 为二次流引起的扩散应力项；g 为重力加速度，m/s^2；f 为柯氏力系数，$f=2w\sin\varphi$，$w=2\pi/86164=7.29\times10^{-5}\mathrm{rad/s}$，为地球自转角速度；$\varphi$ 为当地纬度；$\tau^s=(\tau_x^s,\tau_y^s)$ 为风应力；S_{xx}、S_{xy}、S_{yy} 分别为波浪辐射应力；S_{fx}、S_{fy} 分别为 x、y 方向的摩阻斜率；S_{0x}、S_{0y} 分别为 x、y 方向的底坡斜率。

$$S_{0x}=-\frac{\partial b(x,y)}{\partial x}\qquad S_{0y}=-\frac{\partial b(x,y)}{\partial y}\tag{2.3}$$

采用 Manning 公式计算摩阻斜率：

$$S_{fx}=\frac{n^2u\sqrt{u^2+v^2}}{h^{4/3}}\qquad S_{fy}=\frac{n^2v\sqrt{u^2+v^2}}{h^{4/3}}\tag{2.4}$$

式中：n 为 Manning 系数，与地形地貌、地表粗糙程度、植被覆盖等下垫面情况有关，一般结合经验给定 Manning 系数值。

采用代数关系式（2.5）计算紊动黏性系数：

$$\nu_t=\alpha\kappa u_*h\tag{2.5}$$

式中：α 为比例系数，一般取 0.2；κ 为卡门系数，取 0.4；u_* 为床面剪切流速。

如图 2.1 所示，约定高程基准面的高程值为零，假设水位为 $\eta(x,y,t)$，河底高程为 $b(x,y)$，水深为 $h(x,y,t)$，则三者满足如下关系：

$$\eta(x,y,t)=h(x,y,t)+b(x,y)\tag{2.6}$$

采用下式计算水面风应力：

$$\tau_x^s=C_d\frac{\rho_a}{\rho_w}U_w\sqrt{U_w^2+V_w^2}\qquad \tau_y^s=C_d\frac{\rho_a}{\rho_w}V_w\sqrt{U_w^2+V_w^2}\tag{2.7}$$

式中：C_d 为水面风应力拖曳系数；ρ_a、ρ_w 分别为空气和水的密度；U_w、V_w 分别为 x、y 方向上水面 10m 高处的风速分量，m/s。

水面风应力拖曳系数 C_d 可取常数值（如 2.6×10^{-3}）。此外，考虑到阻尼系数随着风速的加大而有一定增大的观测事实，常将表面风应力拖曳系数参数化成如下的线性形式：

$$C_d = \min[0.0035, \ 0.001 \times (a + b\sqrt{U_w^2 + V_w^2})] \qquad (2.8)$$

式中：a、b 为经验系数。

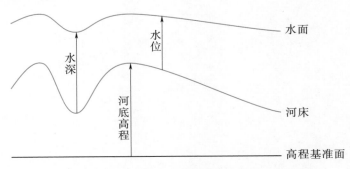

图 2.1 水位、水深、河底高程的关系示意图

采用式（2.9）计算波浪辐射应力：

$$\boldsymbol{S} = \begin{bmatrix} S_{xx} & S_{xy} \\ S_{yx} & S_{yy} \end{bmatrix} = E \begin{bmatrix} n(\cos^2\alpha + 1) - \dfrac{1}{2} & \dfrac{n}{2}\sin(2\alpha) \\ \dfrac{n}{2}\sin(2\alpha) & n(\sin^2\alpha + 1) - \dfrac{1}{2} \end{bmatrix} \qquad (2.9)$$

其中

$$E = \frac{1}{8}\rho_w g h^2 \qquad (2.10)$$

$$n = \frac{1}{2}\left[1 + \frac{2kh}{\sinh(2kh)}\right] \qquad (2.11)$$

式中：α 为波浪传播方向与 x 轴的夹角；E 为单位水柱体一个波周期的平均波能；n 为波群速度与相速度之比；k 为波数。

采用式（2.12）计算二次流引起的扩散应力项：

$$\begin{bmatrix} D_{xx} & D_{xy} \\ D_{yx} & D_{yy} \end{bmatrix} = \boldsymbol{M}(\varphi) \begin{bmatrix} D_{ll} & D_{lt} \\ D_{tl} & D_{tt} \end{bmatrix} \boldsymbol{M}^{\mathrm{T}}(\varphi) \qquad (2.12)$$

式中：φ 为流速与 x 轴的夹角；D_{ll}、D_{lt}、D_{tl}、D_{tt} 为二次流引起的扩散应力项；$\boldsymbol{M}(\varphi)$ 为转换矩阵。

$$\boldsymbol{M}(\varphi) = \begin{bmatrix} \cos\varphi & -\sin\varphi \\ \sin\varphi & \cos\varphi \end{bmatrix} \qquad (2.13)$$

$$D_{ll} = \frac{u^2 + v^2}{m(m+2)} \quad D_{lt} = D_{tl} = \frac{v_s\sqrt{u^2 + v^2}}{1 + 2m}\,\mathrm{sign}[R] \quad D_{tt} = \frac{v_s^2}{3} \qquad (2.14)$$

式中：$m = \kappa\sqrt{u^2 + v^2}/u_*$；$v_s = \dfrac{2m+1}{2\kappa^2 m}\dfrac{h}{R}\sqrt{u^2 + v^2}$ 为水面处的横向流速；R 为流线曲率半径。

7

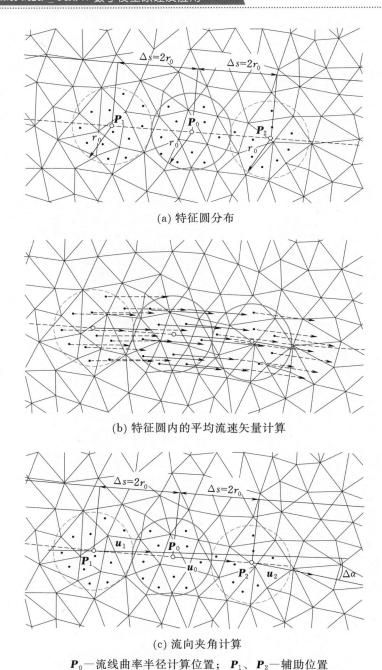

(a) 特征圆分布

(b) 特征圆内的平均流速矢量计算

(c) 流向夹角计算

$\boldsymbol{P}_0$—流线曲率半径计算位置；$\boldsymbol{P}_1$、$\boldsymbol{P}_2$—辅助位置

图 2.2　曲率计算的特征圆示意图[1]

---

[1]　Lorenzo Begnudelli，Alessandro Valiani，Brett F Sanders. A balanced treatment of secondary currents，turbulence and dispersion in a depth-integrated hydrodynamic and bed deformation model for channel bends ［J］. Advances in Water Resources，2010，33：17-33.

$$R = \frac{2\Delta s}{\Delta \alpha} \tag{2.15}$$

其中
$$\Delta s = 2r_0$$

式中：r_0 为曲率计算的特征圆半径；$\Delta\alpha$ 为流向夹角，$\cos\Delta\alpha = \boldsymbol{n}_1 \cdot \boldsymbol{n}_2$；$\boldsymbol{n}_1$、$\boldsymbol{n}_2$ 为特征圆内的单位流速矢量，$\boldsymbol{n}_1 = \boldsymbol{u}_1 / \|\boldsymbol{u}_1\|$，$\boldsymbol{n}_2 = \boldsymbol{u}_2 / \|\boldsymbol{u}_2\|$；$\boldsymbol{u}_1$、$\boldsymbol{u}_2$ 为特征圆内的平均流速矢量。

曲率计算的特征圆分布如图 2.2 所示。假设 $\boldsymbol{P}_0$ 为流线曲率半径计算位置（即单元形心位置），则辅助位置按式（2.16）确定：

$$\boldsymbol{P}_1 = \boldsymbol{P}_0 - \Delta s \boldsymbol{n}_0 \qquad \boldsymbol{P}_2 = \boldsymbol{P}_0 + \Delta s \boldsymbol{n}_0 \tag{2.16}$$

2.2 数值计算方法

采用边界拟合能力强和易于局部网格加密的三角形和四边形网格剖分计算域，利用基于水位-体积关系的斜底单元模型，有效解决了小尺度线状地形模拟难题；以能够有效捕获激波的 Godunov 型有限体积法为框架，运用在时间上和空间上均具有二阶精度的 MUSCL - Hancock 预测-校正格式离散洪水控制方程，采用 HLLC 近似 Riemann 算子计算对流数值通量，采用直接近似方法计算扩散数值通量，并结合斜率限制器以保证模型的高分辨率特性，避免在间断或大梯度解附近产生非物理虚假振荡；基于单元中心型底坡项近似方法，在不使用任何额外动量通量校正项的前提下模型能保持通量梯度与底坡项之间的平衡，即模型具有和谐性质；采用半隐式格式处理摩阻项，该半隐式格式既能保证不改变流速分量的方向，也能避免小水深引起的非物理大流速问题，有利于计算稳定性；实现了固壁、水位、流量、自由出流等边界条件；基于克朗稳定条件实现了数值模型的自适应时间步长技术。

2.2.1 计算网格

鉴于非结构三角形、四边形混合单元具有复杂边界拟合能力强、便于网格生成和局部加密等特点，HydroMPM2D_FLOW 采用非结构三角形、四边形单元作为计算网格。以三角形单元为例（四边形网格类似），网格拓扑结构如图 2.3 所示。其中 C_i 为待计算单元，其顶点 1—顶点 2—顶点 3 排序服从逆时针方向；与顶点 k 相对的边为 $\Gamma_{i,k}$，其外法向单位向量为 $\boldsymbol{n}_{i,k}$；单元 C_i 的邻接单元中，与顶点 k 相对的单元为 $C_{i,k}$。

对于每一个节点而言，其网格拓扑信息包括节点序号，节点坐标，节点周围的单元；对于每一条边而言，其网格拓扑信息包括边序号，边的

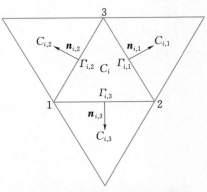

图 2.3 非结构三角形单元拓扑
结构示意图

左、右单元，边的始、末节点；对于每一个单元而言，其网格拓扑信息包括单元序号，单元的三个顶点，单元的三条边，单元的三个邻接单元。在模型开始计算之前，需要根据网格文件构造包含上述拓扑信息的计算网格系统。

2.2.2　斜底单元模型

在计算网格结构中，有两种底高程定义方式：①将底高程定义于单元形心处，单元内的底高程为均一值；②将底高程定义于单元顶点处，单元内的底高程服从线性分布。在地形表达精度方面，第一种方式仅为一阶精度，而第二种方式具有二阶精度。此外，在水动力数值模拟的实际工程中，往往包含由生产堤和公路等线状建筑物组成的奇异地形。该类奇异地形具有低水位干出、高水位淹没的性质，必须在模型中予以准确表达。然而，如果采取第一种底高程定义方式，由于此类奇异地形的空间尺度要远小于满足计算效率要求的网格尺度，因此需要采用局部网格加密方法以表达此类奇异地形，此时不仅网格数量剧增，而且由于稳定条件的限制，小尺度网格将导致模型的计算时间步长大幅度减小，严重影响模拟效率。另一方面，如果采取第二种底高程定义方式，在网格划分之前，将一系列节点预先布置在生产堤和公路等线状建筑物上，进而使该类奇异地形在网格系统中以"边"的形式得以表达。高水位时，奇异地形所在网格边被淹没过水；低水位时，奇异地形所在网格边的物质通量为零，起到阻水作用，故第二种底高程定义方式可以实现该类奇异地形的准确模拟。综合上述两方面的原因，HydroMPM2D_FLOW 采用第二种底高程定义方式，即斜底单元模型。

以三角单元为例（四边形单元类似），在斜底单元模型中，守恒变量 h 代表单元平均水深，单元的水量为 $h\Omega$，其中 Ω 为单元面积；水位 η 代表单元内含水部分的水面高程，且假设单元内含水部分的水面为一平面（图 2.4）。其中，斜线阴影面为水面，三角形 123 为单元底面，图 2.4（a）中三个顶点的水深均大于零，图 2.4（b）和图 2.4（c）存在水深为零的顶点。

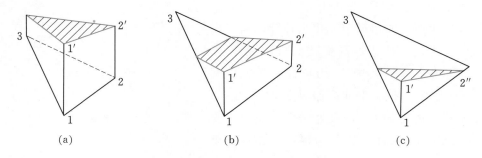

图 2.4　三种不同水位条件下的斜底单元示意图

不失一般性，假设单元 C_i 三个顶点的底高程 $b_{i,1}$、$b_{i,2}$ 和 $b_{i,3}$ 满足关系：$b_{i,1} \leqslant b_{i,2} \leqslant b_{i,3}$。由水量守恒原理，可得单元水深与单元水位之间的转换计算式。

1. 已知水深，计算水位

$$\eta_i = \begin{cases} \eta_i^1 = b_{i,1} + \sqrt[3]{3h_i(b_{i,2} - b_{i,1})(b_{i,3} - b_{i,1})} & (b_{i,1} < \eta_i^1 \leqslant b_{i,2}) \\ \eta_i^2 = \dfrac{1}{2}(-\gamma_1 + \sqrt{\gamma_1^2 - 4\gamma_2}) & (b_{i,2} < \eta_i^2 \leqslant b_{i,3}) \\ \eta_i^3 = h_i + (b_{i,1} + b_{i,2} + b_{i,3})/3 & (\eta_i^3 > b_{i,3}) \end{cases} \quad (2.17)$$

其中

$$\gamma_1 = b_{i,3} - 3b_{i,1}$$

$$\gamma_2 = 3h_i b_{i,1} - 3h_i b_{i,3} - b_{i,2} b_{i,3} + b_{i,1} b_{i,2} + b_{i,1}^2$$

2. 已知水位，计算水深

$$h_i = \begin{cases} \dfrac{(\eta_i - b_{i,1})^2}{3(b_{i,2} - b_{i,1})(b_{i,3} - b_{i,1})} & (b_{i,1} < \eta_i \leqslant b_{i,2}) \\ \dfrac{\eta_i^2 + \eta_i b_{i,3} - 3\eta_i b_{i,1} - b_{i,3} b_{i,2} + b_{i,1} b_{i,2} + b_{i,1}^2}{3(b_{i,3} - b_{i,1})} & (b_{i,2} < \eta_i \leqslant b_{i,3}) \\ \eta_i - \dfrac{b_{i,1} + b_{i,2} + b_{i,3}}{3} & (\eta_i > b_{i,3}) \end{cases} \quad (2.18)$$

若将底高程定义于单元形心处，且假设单元内的底高程为均一值，则单元水位的最小值为单元形心处的底高程值，在干湿界面计算时需要重构干单元底高程。然而，由式（2.17）可知，斜底单元模型的引入，使单元水位的最小值降低为单元三个顶点底高程的最小值，避免了干湿界面计算时重构干单元底高程，提高了模型干湿界面处理能力，且有利于设计具有和谐性的计算格式。

在斜底单元模型中，单元具有全淹没、局部淹没和全干三种状态。以三角形单元为例（四边形单元类似），HydroMPM2D_FLOW 采用如下状态判别方法：

$$\eta_i \leqslant b_{i,1} \quad \Rightarrow \text{全干}$$

$$b_{i,1} < \eta_i \leqslant b_{i,3} \quad \Rightarrow \text{局部淹没}$$

$$\eta_i > b_{i,3} \quad \Rightarrow \text{全淹没}$$

对于三角形单元，由于底高程定义于单元顶点处，根据不共线三点决定一个平面的原理可计算出单元底高程的平面方程，继而可得到该平面在 x 和 y 方向的斜率，即单元的底坡斜率：

$$\frac{\partial b_i(x,y)}{\partial x} = \frac{1}{2\Omega_i}[(y_{i,2} - y_{i,3})b_{i,1} + (y_{i,3} - y_{i,1})b_{i,2} + (y_{i,1} - y_{i,2})b_{i,3}] \quad (2.19)$$

$$\frac{\partial b_i(x,y)}{\partial y} = \frac{1}{2\Omega_i}[(x_{i,3} - x_{i,2})b_{i,1} + (x_{i,1} - x_{i,3})b_{i,2} + (x_{i,2} - x_{i,1})b_{i,3}] \quad (2.20)$$

式中：$x_{i,k}$、$y_{i,k}$、$b_{i,k}$ 分别为单元 C_i 第 k 个顶点的 x 方向坐标、y 方向坐标和底高程（$k=1$，2，3）；Ω_i 为单元 C_i 的面积。

$$\Omega_i = \frac{1}{2}[(x_{i,1} - x_{i,2})(y_{i,1} + y_{i,2}) + (x_{i,2} - x_{i,3})(y_{i,2} + y_{i,3})$$
$$+ (x_{i,3} - x_{i,1})(y_{i,3} + y_{i,1})] \quad (2.21)$$

11

对于四边形单元，单元的底坡斜率可根据单元内 2 个三角形底坡斜率的面积加权平均得到。

2.2.3　有限体积离散

在任意控制体 Ω 上对式（2.1）所示的控制方程进行积分得

$$\frac{\partial}{\partial t}\int_{\Omega}\boldsymbol{U}\mathrm{d}\Omega+\int_{\Omega}\left(\frac{\partial\boldsymbol{E}^{\mathrm{adv}}}{\partial x}+\frac{\partial\boldsymbol{G}^{\mathrm{adv}}}{\partial y}\right)\mathrm{d}\Omega=\int_{\Omega}\left(\frac{\partial\boldsymbol{E}^{\mathrm{diff}}}{\partial x}+\frac{\partial\boldsymbol{G}^{\mathrm{diff}}}{\partial y}\right)\mathrm{d}\Omega$$
$$+\int_{\Omega}\left(\frac{\partial\boldsymbol{E}^{\mathrm{dis}}}{\partial x}+\frac{\partial\boldsymbol{G}^{\mathrm{dis}}}{\partial y}\right)\mathrm{d}\Omega+\int_{\Omega}\boldsymbol{S}\mathrm{d}\Omega \tag{2.22}$$

对式（2.22）运用 Green 公式将体积分转化为沿其边界的线积分，可得

$$\frac{\partial}{\partial t}\int_{\Omega}\boldsymbol{U}\mathrm{d}\Omega+\oint_{\partial\Omega}\boldsymbol{F}^{\mathrm{adv}}\cdot\boldsymbol{n}\mathrm{d}l=\oint_{\partial\Omega}\boldsymbol{F}^{\mathrm{diff}}\cdot\boldsymbol{n}\mathrm{d}l+\oint_{\partial\Omega}\boldsymbol{F}^{\mathrm{dis}}\cdot\boldsymbol{n}\mathrm{d}l+\int_{\Omega}\boldsymbol{S}\mathrm{d}\Omega \tag{2.23}$$

式中：$\partial\Omega$ 为控制体 Ω 的边界；$\boldsymbol{n}$ 为边界 $\partial\Omega$ 的外法向单位向量；$\mathrm{d}\Omega$、$\mathrm{d}l$ 分别为面积微元和弧微元；$\boldsymbol{F}^{\mathrm{adv}}=\begin{bmatrix}\boldsymbol{E}^{\mathrm{adv}}，\boldsymbol{G}^{\mathrm{adv}}\end{bmatrix}^{\mathrm{T}}$；$\boldsymbol{F}^{\mathrm{diff}}=\begin{bmatrix}\boldsymbol{E}^{\mathrm{diff}}，\boldsymbol{G}^{\mathrm{diff}}\end{bmatrix}^{\mathrm{T}}$；$\boldsymbol{F}^{\mathrm{dis}}=\begin{bmatrix}\boldsymbol{E}^{\mathrm{dis}}，\boldsymbol{G}^{\mathrm{dis}}\end{bmatrix}^{\mathrm{T}}$。

在平面二维网格中，线积分可分别由下式计算：

$$\oint_{\partial\Omega}\boldsymbol{F}^{\mathrm{adv}}\cdot\boldsymbol{n}\mathrm{d}l=\sum_{k=1}^{N}\boldsymbol{F}_{k}^{\mathrm{adv}}\cdot\boldsymbol{n}_{k}L_{k} \tag{2.24}$$

$$\oint_{\partial\Omega}\boldsymbol{F}^{\mathrm{diff}}\cdot\boldsymbol{n}\mathrm{d}l=\sum_{k=1}^{N}\boldsymbol{F}_{k}^{\mathrm{diff}}\cdot\boldsymbol{n}_{k}L_{k} \tag{2.25}$$

$$\oint_{\partial\Omega}\boldsymbol{F}^{\mathrm{dis}}\cdot\boldsymbol{n}\mathrm{d}l=\sum_{k=1}^{N}\boldsymbol{F}_{k}^{\mathrm{dis}}\cdot\boldsymbol{n}_{k}L_{k} \tag{2.26}$$

式中：N 为网格的边数（三角形单元 $N=3$，四边形单元 $N=4$）。假设 $\boldsymbol{U}_i$ 为 $\boldsymbol{U}$ 在单元 C_i 内的平均值，即

$$\boldsymbol{U}_i=\frac{1}{\Omega_i}\int_{C_i}\boldsymbol{U}\mathrm{d}\Omega \tag{2.27}$$

则有

$$\Omega_i\frac{\mathrm{d}\boldsymbol{U}_i}{\mathrm{d}t}=-\sum_{k=1}^{N}\boldsymbol{F}_{i,k}^{\mathrm{adv}}\cdot\boldsymbol{n}_{i,k}L_{i,k}+\sum_{k=1}^{N}\boldsymbol{F}_{i,k}^{\mathrm{diff}}\cdot\boldsymbol{n}_{i,k}L_{i,k}+\sum_{k=1}^{N}\boldsymbol{F}_{i,k}^{\mathrm{dis}}\cdot\boldsymbol{n}_{i,k}L_{i,k}+\boldsymbol{S}_i \tag{2.28}$$

式中：Ω_i 为单元 C_i 的面积；$\boldsymbol{F}_{i,k}^{\mathrm{adv}}$、$\boldsymbol{F}_{i,k}^{\mathrm{diff}}$、$\boldsymbol{F}_{i,k}^{\mathrm{dis}}$、$\boldsymbol{n}_{i,k}$、$L_{i,k}$ 分别代表单元 C_i 第 k 条边的对流数值通量、雷诺应力引起的扩散数值通量、二次流引起的扩散数值通量、外法向单位向量和长度；$\boldsymbol{S}_i$ 为源项近似。

2.2.4　数值通量计算

由于积分平均，物理变量在每个单元内部为常数，在整个计算域内形成阶梯状分布，因此在单元界面处物理量存在间断，即界面左、右两侧的物理量不相等，故而在界面处构成了一个局部 Riemann 问题。通过 Riemann 问题的求解可得到界面处的对流数值通量，即

$$\boldsymbol{F}_{i,k}^{\mathrm{adv}}\cdot\boldsymbol{n}_{i,k}=\boldsymbol{F}_{i,k}^{\mathrm{adv}}(\boldsymbol{U}_{\mathrm{L}},\boldsymbol{U}_{\mathrm{R}})\cdot\boldsymbol{n}_{i,k} \tag{2.29}$$

式中：U_L、U_R 分别为界面左侧和右侧的守恒向量。

由浅水方程的旋转不变性可得：

$$\boldsymbol{F}_{i,k}^{\mathrm{adv}}(\boldsymbol{U}_L, \boldsymbol{U}_R) \cdot \boldsymbol{n}_{i,k} = \boldsymbol{T}^{-1}(\boldsymbol{n}_{i,k}) \cdot \boldsymbol{E}_{i,k}^{\mathrm{adv}}[\boldsymbol{T}(\boldsymbol{n}_{i,k}) \cdot \boldsymbol{U}_L, \boldsymbol{T}(\boldsymbol{n}_{i,k}) \cdot \boldsymbol{U}_R] \tag{2.30}$$

式中：$\boldsymbol{T}$ 和 $\boldsymbol{T}^{-1}$ 分别为旋转矩阵及其逆矩阵。

$$\boldsymbol{T}(\boldsymbol{n}_{i,k}) = \begin{bmatrix} 1 & 0 & 0 \\ 0 & n_{i,k}^x & n_{i,k}^y \\ 0 & -n_{i,k}^y & n_{i,k}^x \end{bmatrix}, \boldsymbol{T}^{-1}(\boldsymbol{n}_{i,k}) = \begin{bmatrix} 1 & 0 & 0 \\ 0 & n_{i,k}^x & -n_{i,k}^y \\ 0 & n_{i,k}^y & n_{i,k}^x \end{bmatrix} \tag{2.31}$$

定义：

$$\hat{\boldsymbol{U}} = \boldsymbol{T}(\boldsymbol{n}) \cdot \boldsymbol{U} = \begin{bmatrix} h \\ h(un_x + vn_y) \\ h(-un_y + vn_x) \end{bmatrix} = \begin{bmatrix} h \\ hu_{\perp} \\ hu_{/\!/} \end{bmatrix} \tag{2.32}$$

式中：$u_{\perp}$、$u_{/\!/}$ 分别为与界面垂直和平行的流速分量。

$$\left. \begin{array}{l} u_{\perp} = un_x + vn_y \\ u_{/\!/} = -un_y + vn_x \end{array} \right\} \tag{2.33}$$

则有

$$\boldsymbol{F}^{\mathrm{adv}}(\boldsymbol{U}) \cdot \boldsymbol{n} = \boldsymbol{T}^{-1}(\boldsymbol{n}) \cdot \boldsymbol{E}^{\mathrm{adv}}(\hat{\boldsymbol{U}}) = \begin{bmatrix} hu_{\perp} \\ huu_{\perp} + \dfrac{1}{2}g(h^2 - b^2)n_x \\ hvu_{\perp} + \dfrac{1}{2}g(h^2 - b^2)n_y \end{bmatrix} \tag{2.34}$$

由式（2.34）可知，二维浅水方程的对流数值通量计算可转化为界面处一维 Riemann 问题求解。

如图 2.5 所示，在 $\xi-t$ 平面上，二维浅水方程 Riemann 解中存在三个波，分为三类：激波（shock wave）、稀疏波（rarefaction wave）和接触波（contact wave）。三个波将初始的两个常状态区分割为四个常状态区，其中左、右两个区域的状态分别为初始的左、右状态值，中间两个区域的状态则由 Riemann 解的结构确定。

目前较常用的近似 Riemann 求解器主要有 FVS 格式、FDS 格式、Osher 格式、Roe 格式、HLL 格式、HLLC 格式等。由于 HLLC 格式满足熵条件，且在合理计算波速的情况下适应干湿界面计算，因此 HydroMPM2D_FLOW 采用该格式计算二维浅水方程的对流数值通量。

$$\boldsymbol{F}^{\mathrm{adv}}(\boldsymbol{U}_L, \boldsymbol{U}_R) \cdot \boldsymbol{n} = \begin{cases} \boldsymbol{F}_L^{\mathrm{adv}} & (s_1 \geqslant 0) \\ \boldsymbol{F}_{*,L}^{\mathrm{adv}} & (s_1 < 0 \leqslant s_2) \\ \boldsymbol{F}_{*,R}^{\mathrm{adv}} & (s_2 < 0 \leqslant s_3) \\ \boldsymbol{F}_R^{\mathrm{adv}} & (s_3 \leqslant 0) \end{cases} \tag{2.35}$$

式中：$\boldsymbol{F}_{\mathrm{L}}^{\mathrm{adv}} = \boldsymbol{F}^{\mathrm{adv}}(\boldsymbol{U}_{\mathrm{L}}) \cdot \boldsymbol{n}$，$\boldsymbol{F}_{\mathrm{R}}^{\mathrm{adv}} = \boldsymbol{F}^{\mathrm{adv}}(\boldsymbol{U}_{\mathrm{R}}) \cdot \boldsymbol{n}$，均由式（2.34）计算；$\boldsymbol{U}_{\mathrm{L}}$、$\boldsymbol{U}_{\mathrm{R}}$ 分别为局部 Riemann 问题所在界面左侧和右侧的守恒向量；$\boldsymbol{F}_{*,\mathrm{L}}^{\mathrm{adv}}$、$\boldsymbol{F}_{*,\mathrm{R}}^{\mathrm{adv}}$ 分别为 Riemann 解中间区域接触波左、右侧的数值通量；s_1、s_2、s_3 分别为左波、接触波和右波的波速（图 2.5）。

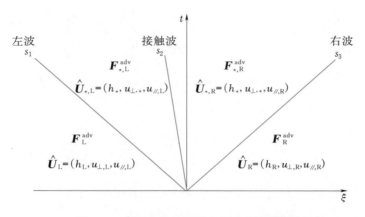

图 2.5　二维浅水方程的 Riemann 解结构

接触波左、右侧的数值通量 $\boldsymbol{F}_{*,\mathrm{L}}^{\mathrm{adv}}$、$\boldsymbol{F}_{*,\mathrm{R}}^{\mathrm{adv}}$ 分别由式（2.36）和式（2.37）计算：

$$\boldsymbol{F}_{*,\mathrm{L}}^{\mathrm{adv}} = \begin{bmatrix} (\boldsymbol{E}_{\mathrm{HLL}}^{\mathrm{adv}})^1 \\ (\boldsymbol{E}_{\mathrm{HLL}}^{\mathrm{adv}})^2 n_x - u_{/\!/,\mathrm{L}} (\boldsymbol{E}_{\mathrm{HLL}}^{\mathrm{adv}})^1 n_y \\ (\boldsymbol{E}_{\mathrm{HLL}}^{\mathrm{adv}})^2 n_y + u_{/\!/,\mathrm{L}} (\boldsymbol{E}_{\mathrm{HLL}}^{\mathrm{adv}})^1 n_x \end{bmatrix} \tag{2.36}$$

$$\boldsymbol{F}_{*,\mathrm{R}}^{\mathrm{adv}} = \begin{bmatrix} (\boldsymbol{E}_{\mathrm{HLL}}^{\mathrm{adv}})^1 \\ (\boldsymbol{E}_{\mathrm{HLL}}^{\mathrm{adv}})^2 n_x - u_{/\!/,\mathrm{R}} (\boldsymbol{E}_{\mathrm{HLL}}^{\mathrm{adv}})^1 n_y \\ (\boldsymbol{E}_{\mathrm{HLL}}^{\mathrm{adv}})^2 n_y + u_{/\!/,\mathrm{R}} (\boldsymbol{E}_{\mathrm{HLL}}^{\mathrm{adv}})^1 n_x \end{bmatrix} \tag{2.37}$$

式中：$(E_{\mathrm{HLL}}^{\mathrm{adv}})^1$、$(E_{\mathrm{HLL}}^{\mathrm{adv}})^2$ 分别为运用 HLL 格式计算得到的法向数值通量的第一、第二个分量。

$$\boldsymbol{E}_{\mathrm{HLL}}^{\mathrm{adv}} = \frac{s_3 \boldsymbol{E}^{\mathrm{adv}}(\boldsymbol{U}_{\mathrm{L}}) - s_1 \boldsymbol{E}_{\mathrm{HLL}}^{\mathrm{adv}}(\hat{\boldsymbol{U}}_{\mathrm{R}}) + s_1 s_3 (\boldsymbol{U}_{\mathrm{R}} - \boldsymbol{U}_{\mathrm{L}})}{s_3 - s_1} \tag{2.38}$$

运用 HLLC 求解器计算数值通量的关键在于波速近似。HydroMPM2D _ FLOW 采用 Einfeldt 波速计算式：

$$s_1 = \begin{cases} \min(u_{\perp,\mathrm{L}} - \sqrt{gh_{\mathrm{L}}}, u_{\perp,*} - \sqrt{gh_*}) & (h_{\mathrm{L}} > 0) \\ u_{\perp,\mathrm{R}} - 2\sqrt{gh_{\mathrm{R}}} & (h_{\mathrm{L}} = 0) \end{cases} \tag{2.39}$$

$$s_3 = \begin{cases} \max(u_{\perp,\mathrm{R}} + \sqrt{gh_{\mathrm{R}}}, u_{\perp,*} + \sqrt{gh_*}) & (h_{\mathrm{R}} > 0) \\ u_{\perp,\mathrm{L}} + 2\sqrt{gh_{\mathrm{L}}} & (h_{\mathrm{R}} = 0) \end{cases} \tag{2.40}$$

式中：h_* 和 $u_{\perp,*}$ 为 Roe 平均。

$$h_* = \frac{1}{2}(h_{\mathrm{L}} + h_{\mathrm{R}}) \tag{2.41}$$

$$u_{\perp,*} = \frac{\sqrt{h_L}\, u_{\perp,L} + \sqrt{h_R}\, u_{\perp,R}}{\sqrt{h_L} + \sqrt{h_R}} \tag{2.42}$$

由于激波的波速小于激波后面区域的特征速度，此时 Einfeldt 波速即为激波波速的 Roe 近似，因此使用 Einfeldt 波速可获得在激波附近更加准确的数值解。

由式（2.43）计算接触波的波速：

$$s_2 = \frac{s_1 h_R (u_{\perp,R} - s_3) - s_3 h_L (u_{\perp,L} - s_1)}{h_R (u_{\perp,R} - s_3) - h_L (u_{\perp,L} - s_1)} \tag{2.43}$$

式（2.35）～式（2.43）即为对流数值通量的计算方法。

雷诺应力引起的扩散数值通量计算过程较为简单，即

$$\boldsymbol{F}_{i,k}^{\mathrm{diff}} \cdot \boldsymbol{n}_{i,k} = \boldsymbol{E}_{i,k}^{\mathrm{diff}} n_{i,k}^{x} + \boldsymbol{G}_{i,k}^{\mathrm{diff}} n_{i,k}^{y} = \begin{bmatrix} 0 \\ h_{i,k}\nu_{\mathrm{t}}\left[2\left.\frac{\partial u}{\partial x}\right|_{i,k} n_{i,k}^{x} + \left(\frac{\partial u}{\partial y} + \frac{\partial v}{\partial x}\right)\Big|_{i,k} n_{i,k}^{y}\right] \\ h_{i,k}\nu_{\mathrm{t}}\left[\left(\frac{\partial u}{\partial x} + \frac{\partial v}{\partial x}\right)\Big|_{i,k} n_{i,k}^{x} + 2\left.\frac{\partial v}{\partial y}\right|_{i,k} n_{i,k}^{y}\right] \end{bmatrix} \tag{2.44}$$

式中：$h_{i,k}$ 为单元 C_i 第 k 条边所在界面处的水深；$\left.\frac{\partial u}{\partial x}\right|_{i,k}$、$\left.\frac{\partial u}{\partial y}\right|_{i,k}$、$\left.\frac{\partial v}{\partial x}\right|_{i,k}$、$\left.\frac{\partial v}{\partial y}\right|_{i,k}$ 为流速分量在单元 C_i 第 k 条边所在界面处的斜率。

在计算扩散数值通量时，界面处的水深值取界面两侧单元水深重构值的平均：

$$h_{i,k} = \frac{h_{i,k}^{\mathrm{Rec,L}} + h_{i,k}^{\mathrm{Rec,R}}}{2} \tag{2.45}$$

式中：$h_{i,k}^{\mathrm{Rec,L}}$、$h_{i,k}^{\mathrm{Rec,R}}$ 分别为单元 C_i 第 k 条边所在界面左、右侧的水深重构值。

界面处的流速梯度取界面两侧单元流速梯度的面积加权平均：

$$\left.\frac{\partial u}{\partial x}\right|_{i,k} = \frac{\Omega_{i,k}^{\mathrm{L}} u_x\Big|_{i,k}^{\mathrm{L}} + \Omega_{i,k}^{\mathrm{R}} u_x\Big|_{i,k}^{\mathrm{R}}}{\Omega_{i,k}^{\mathrm{L}} + \Omega_{i,k}^{\mathrm{R}}} \quad \left.\frac{\partial u}{\partial y}\right|_{i,k} = \frac{\Omega_{i,k}^{\mathrm{L}} u_y\Big|_{i,k}^{\mathrm{L}} + \Omega_{i,k}^{\mathrm{R}} u_y\Big|_{i,k}^{\mathrm{R}}}{\Omega_{i,k}^{\mathrm{L}} + \Omega_{i,k}^{\mathrm{R}}} \tag{2.46}$$

$$\left.\frac{\partial v}{\partial x}\right|_{i,k} = \frac{\Omega_{i,k}^{\mathrm{L}} v_x\Big|_{i,k}^{\mathrm{L}} + \Omega_{i,k}^{\mathrm{R}} v_x\Big|_{i,k}^{\mathrm{R}}}{\Omega_{i,k}^{\mathrm{L}} + \Omega_{i,k}^{\mathrm{R}}} \quad \left.\frac{\partial v}{\partial y}\right|_{i,k} = \frac{\Omega_{i,k}^{\mathrm{L}} v_y\Big|_{i,k}^{\mathrm{L}} + \Omega_{i,k}^{\mathrm{R}} v_y\Big|_{i,k}^{\mathrm{R}}}{\Omega_{i,k}^{\mathrm{L}} + \Omega_{i,k}^{\mathrm{R}}} \tag{2.47}$$

式中：$\Omega_{i,k}^{\mathrm{L}}$、$\Omega_{i,k}^{\mathrm{R}}$ 分别为单元 C_i 第 k 条边所在界面左、右侧单元的面积；$u_x|_{i,k}^{\mathrm{L}}$、$u_y|_{i,k}^{\mathrm{L}}$、$v_x|_{i,k}^{\mathrm{L}}$、$v_y|_{i,k}^{\mathrm{L}}$ 为界面左侧单元的流速分量斜率；$u_x|_{i,k}^{\mathrm{R}}$、$u_y|_{i,k}^{\mathrm{R}}$、$v_x|_{i,k}^{\mathrm{R}}$、$v_y|_{i,k}^{\mathrm{R}}$ 分别为界面右侧单元的流速分量斜率。

二次流引起的扩散通量按式（2.48）计算：

$$\boldsymbol{F}_{i,k}^{\mathrm{dis}} \cdot \boldsymbol{n}_{i,k} = \boldsymbol{E}_{i,k}^{\mathrm{dis}} n_{i,k}^{x} + \boldsymbol{G}_{i,k}^{\mathrm{dis}} n_{i,k}^{y} = \begin{bmatrix} 0 \\ h_{i,k}\left[D_{i,k}^{xx} n_{i,k}^{x} + D_{i,k}^{xy} n_{i,k}^{y}\right] \\ h_{i,k}\left[D_{i,k}^{yx} n_{i,k}^{x} + D_{i,k}^{yy} n_{i,k}^{y}\right] \end{bmatrix} \tag{2.48}$$

式中：$D_{i,k}$ 为界面处的二次流扩散应力项，取界面两侧单元的面积加权平均。

15

2.2.5　变量重构和斜率限制函数

如果物理量在单元内近似为常数分布，并且以各单元形心处的值作为界面处局部 Riemann 问题的初始间断条件，则相应的计算格式在空间上仅具有一阶精度，存在较大的数值耗散。对水流模拟而言，一阶精度的计算格式能基本满足工程应用的要求。然而，对泥沙运动或者污染物扩散模拟而言，一阶格式的过度数值耗散往往导致计算结果失真。为了提高格式的空间精度，在构造界面处局部 Riemann 问题时，需要采用比分片常数近似函数更高精度的重构方法对界面左、右两侧的变量进行重构，并基于重构变量求解界面处的数值通量。HydroMPM2D_FLOW 针对不同的单元干湿状态，采用不同的变量重构方法。

若界面某侧的单元为局部淹没状态，或者该侧单元存在处于局部淹没状态的邻接单元，则界面该侧的流速重构值为该侧单元形心处的值：

$$u_{i,k}^{\mathrm{Rec}} = u_i, \quad v_{i,k}^{\mathrm{Rec}} = v_i \quad (k = 1,2,3,4) \tag{2.49}$$

式中：$u_{i,k}^{\mathrm{Rec}}$、$v_{i,k}^{\mathrm{Rec}}$ 为界面重构值；u_i、v_i 为单元形心处的值。

同时，界面该侧的水深重构值按式（2.51）计算：

$$h_{i,k}^{\mathrm{Rec}} = \begin{cases} 0 & (\eta_i \leqslant b_{i,k}^{\min}) \\ \dfrac{(\eta_i - b_{i,k}^{\min})^2}{2(b_{i,k}^{\max} - b_{i,k}^{\min})} & (b_{i,k}^{\min} < \eta_i \leqslant b_{i,k}^{\max}) \\ \eta_i - \dfrac{b_{i,k}^{\min} + b_{i,k}^{\max}}{2} & (\eta_i > b_{i,k}^{\max}) \end{cases} \quad (k = 1,2,3,4) \tag{2.51}$$

式中：$h_{i,k}^{\mathrm{Rec}}$ 为界面重构值；η_i 为单元的水位值；$b_{i,k}^{\min}$、$b_{i,k}^{\max}$ 分别为单元 C_i 第 k 条边首尾两个节点底高程的最小值和最大值。

若界面某侧的单元为全淹没状态，且该侧单元的所有邻接单元均为全淹没状态，则通过线性重构并结合限制函数计算界面该侧的水位、流速重构值：

$$p(x, y) = p_i + \overline{\nabla p_i} \cdot r \tag{2.51}$$

式中：p 为重构变量，如 η、u 或 v；(x, y) 为界面中点处的坐标；r 为界面中点相对于单元形心的位置矢量；$\overline{\nabla p_i}$ 为限制梯度。

$$\overline{\nabla p_i} = \varphi_i \nabla p_i \tag{2.52}$$

式中：$\nabla p_i = \left(\dfrac{\partial p}{\partial x} \Big|_i, \dfrac{\partial p}{\partial y} \Big|_i \right)^{\mathrm{T}}$ 为原始梯度；φ_i 为限制函数。

$$\varphi_i = \min_{k=1,2,3,4} (\varphi_k) \quad \varphi_k = \begin{cases} \min\left(1, \dfrac{p_i^{\max} - p_i}{p_{i,k}^{\mathrm{Rec}} - p_i}\right) & (p_{i,k}^{\mathrm{Rec}} - p_i > 0) \\ \min\left(1, \dfrac{p_i^{\min} - p_i}{p_{i,k}^{\mathrm{Rec}} - p_i}\right) & (p_{i,k}^{\mathrm{Rec}} - p_i > 0) \\ 1 & (p_{i,k}^{\mathrm{Rec}} - p_i = 0) \end{cases} \tag{2.53}$$

式中：$p_{i,k}^{\mathrm{Rec}} = p_i + \nabla p_i \cdot r_{i,k}$ 为单元顶点处未受限制的重构值，$r_{i,k}$ 为单元顶点相对于单

元形心的位置矢量；$p_i^{\max}$ 和 $p_i^{\min}$ 分别为当前单元及其邻接单元形心处变量的最大值和最小值，即 $p_i^{\max} = \max(p_i, p_{i1}, p_{i2}, p_{i3})$，$p_i^{\min} = \min(p_i, p_{i1}, p_{i2}, p_{i3})$；$p_i$ 为单元 C_i 形心处的变量值。

对于三角形单元，假设 $p_{i,1}$、$p_{i,2}$、$p_{i,3}$ 分别为变量 p 在单元 C_i 三个邻接单元形心 $(x_{i,1}, y_{i,1})$、$(x_{i,2}, y_{i,2})$ 和 $(x_{i,3}, y_{i,3})$ 处的值，则变量 p 在单元 C_i 的梯度计算式为

$$\left.\frac{\partial p}{\partial x}\right|_i = \frac{(y_{i,3} - y_{i,1})(p_{i,2} - p_{i,1}) + (y_{i,1} - y_{i,2})(p_{i,3} - p_{i,1})}{(x_{i,2} - x_{i,1})(y_{i,3} - y_{i,1}) - (x_{i,3} - x_{i,1})(y_{i,2} - y_{i,1})} \tag{2.54}$$

$$\left.\frac{\partial p}{\partial y}\right|_i = \frac{(x_{i,1} - x_{i,3})(p_{i,2} - p_{i,1}) + (x_{i,2} - x_{i,1})(p_{i,3} - p_{i,1})}{(x_{i,2} - x_{i,1})(y_{i,3} - y_{i,1}) - (x_{i,3} - x_{i,1})(y_{i,2} - y_{i,1})} \tag{2.55}$$

对于四边形单元，变量 p 在单元 C_i 的梯度由四边形内 2 个三角形单元梯度的面积加权得到。

水深重构值等于水位重构值减去底高程：

$$h_{i,k}^{\text{Rec}} = \eta_{i,k}^{\text{Rec}} - \frac{b_{i,k}^{\min} + b_{i,k}^{\max}}{2} \tag{2.56}$$

2.2.6　底坡项近似

在每一个计算步，HydroMPM2D_FLOW 均对所有单元进行连续方程和动量方程的更新，即同时更新单元的水深和流速。因此，需要对所有单元进行底坡项处理。

若单元为全淹没状态，HydroMPM2D_FLOW 采用单元中心型近似方法处理底坡项：

$$S_{i,0x} = -\int_{C_i} g(h + b)\frac{\partial b}{\partial x}\mathrm{d}\Omega = -g(h_i + b_i)\Omega_i \left.\frac{\partial b}{\partial x}\right|_i \tag{2.57}$$

$$S_{i,0y} = -\int_{C_i} g(h + b)\frac{\partial b}{\partial y}\mathrm{d}\Omega = -g(h_i + b_i)\Omega_i \left.\frac{\partial b}{\partial y}\right|_i \tag{2.58}$$

否则，HydroMPM2D_FLOW 采用 DFB（Divergence Form for Bed slope source term）技术处理底坡项：

$$S_{i,0x} = -\int_{C_i} g(h + b)\alpha\mathrm{d}\Omega = \int_{C_i} gh\frac{\partial h}{\partial x}\mathrm{d}\Omega - \int_{C_i} gb\frac{\partial b}{\partial x}\mathrm{d}\Omega$$

$$= \sum_{k=1}^{N} \frac{1}{2}g(h_{i,k}^{\text{Rec}})^2 L_{i,k}n_{i,k}^x - \sum_{k=1}^{N} \frac{1}{2}g(b_{i,k})^2 L_{i,k}n_{i,k}^x \tag{2.59}$$

$$S_{i,0y} = -\int_{C_i} g(h + b)\beta\mathrm{d}\Omega = \int_{C_i} gh\frac{\partial h}{\partial y}\mathrm{d}\Omega - \int_{C_i} gb\frac{\partial b}{\partial y}\mathrm{d}\Omega$$

$$= \sum_{k=1}^{N} \frac{1}{2}g(h_{i,k}^{\text{Rec}})^2 L_{i,k}n_{i,k}^y - \sum_{k=1}^{N} \frac{1}{2}g(b_{i,k})^2 L_{i,k}n_{i,k}^y \tag{2.60}$$

式中：N 为单元边数；$b_{i,k}$ 为单元 C_i 第 k 条边的中点位置底高程。

采用上述底坡项近似方法，保证了模型的和谐性，证明过程如下。

考虑静水条件，即流速为零、水位为常数。由于界面两侧的水位相等、流速为零，所以所有界面的物质通量为零。单元 C_i 所有边的外法向对流数值通量为

$$\sum_{k=1}^{N} \boldsymbol{F}_{i,k}^{\mathrm{adv}} \cdot \boldsymbol{n}_{i,k} L_{i,k} = \begin{bmatrix} 0 \\ \sum\limits_{k=1}^{N} \dfrac{1}{2} g \left[(h_{i,k}^{\mathrm{Rec}})^2 - z_{i,k}^2 \right] L_{i,k} n_{i,k}^{x} \\ \sum\limits_{k=1}^{N} \dfrac{1}{2} g \left[(h_{i,k}^{\mathrm{Rec}})^2 - z_{i,k}^2 \right] L_{i,k} n_{i,k}^{y} \end{bmatrix} \tag{2.61}$$

式中：i、k 分别为单元序号和边序号；$\boldsymbol{n}_{i,k} = (n_{i,k}^x, \ n_{i,k}^y)^{\mathrm{T}}$；$h$、$z$ 分别为边中点处的水深重构值和底高程。

若单元 C_i 为全淹没状态，则

$$h_{i,k} = \eta - z_{i,k} \quad (k = 1, 2, 3, 4) \tag{2.62}$$

式中：η 为静水条件下的水位统一值。

将式（2.62）代入式（2.61），可得

$$\sum_{k=1}^{N} \boldsymbol{F}_{i,k}^{\mathrm{adv}} \cdot \boldsymbol{n}_{i,k} L_{i,k} = \begin{bmatrix} 0 \\ \sum\limits_{k=1}^{N} \dfrac{1}{2} g (\eta^2 - 2\eta z_{i,k}) L_{i,k} n_{i,k}^{x} \\ \sum\limits_{k=1}^{N} \dfrac{1}{2} g (\eta^2 - 2\eta z_{i,k}) L_{i,k} n_{i,k}^{y} \end{bmatrix}$$

$$= \frac{1}{2} g \eta^2 \begin{bmatrix} 0 \\ \sum\limits_{k=1}^{N} L_{i,k} n_{i,k}^{x} \\ \sum\limits_{k=1}^{N} L_{i,k} n_{i,k}^{y} \end{bmatrix} - g \eta \begin{bmatrix} 0 \\ \sum\limits_{k=1}^{N} z_{i,k} L_{i,k} n_{i,k}^{x} \\ \sum\limits_{k=1}^{N} z_{i,k} L_{i,k} n_{i,k}^{y} \end{bmatrix} \tag{2.63}$$

以三角形单元为例（四边形单元类似），假设单元 C_i 第 k 个顶点的坐标及底高程分别为 $x_{i,j}$、$y_{i,j}$ 和 $b_{i,j}$，顶点 1—顶点 2—顶点 3 服从逆时针排序，与顶点 k 相对的边为单元 C_i 第 k 条边，则有如下关系成立：

$$\begin{cases} L_{i,1} n_{i,1}^{x} = y_{i,3} - y_{i,2} \\ L_{i,2} n_{i,2}^{x} = y_{i,1} - y_{i,3} \\ L_{i,3} n_{i,3}^{x} = y_{i,2} - y_{i,1} \\ L_{i,1} n_{i,1}^{y} = x_{i,2} - x_{i,3} \\ L_{i,2} n_{i,2}^{y} = x_{i,3} - x_{i,1} \\ L_{i,3} n_{i,3}^{y} = x_{i,1} - x_{i,2} \end{cases} \tag{2.64}$$

$$\begin{cases} z_{i,1} = \dfrac{b_{i,2}+b_{i,3}}{2} \\[2mm] z_{i,2} = \dfrac{b_{i,1}+b_{i,3}}{2} \\[2mm] z_{i,3} = \dfrac{b_{i,1}+b_{i,2}}{2} \end{cases} \tag{2.65}$$

故有

$$\sum_{k=1}^{3} L_{i,k} n_{i,k}^{x} = 0, \quad \sum_{k=1}^{3} L_{i,k} n_{i,k}^{y} = 0 \tag{2.66}$$

$$\sum_{k=1}^{3} z_{i,k} L_{i,k} n_{i,k}^{x} = \Omega_i \left. \frac{\partial b}{\partial x} \right|_i, \quad \sum_{k=1}^{3} z_{i,k} L_{i,k} n_{i,k}^{y} = \Omega_i \left. \frac{\partial b}{\partial y} \right|_i \tag{2.67}$$

因此，单元 C_i 三条边的外法向对流数值通量可化简为

$$\sum_{k=1}^{3} \boldsymbol{F}_{i,k}^{\mathrm{adv}} \cdot \boldsymbol{n}_{i,k} L_{i,k} = \begin{bmatrix} 0 \\[2mm] -g\eta\Omega_i \left. \dfrac{\partial b}{\partial x} \right|_i \\[2mm] -g\eta\Omega_i \left. \dfrac{\partial b}{\partial y} \right|_i \end{bmatrix} \tag{2.68}$$

同时，由于静水条件下流速为零，故扩散数值通量和摩阻项为零。因此有

$$\Omega_i \frac{\mathrm{d}\boldsymbol{U}_i}{\mathrm{d}t} = -\sum_{k=1}^{3} \boldsymbol{F}_{i,k}^{\mathrm{adv}} \cdot \boldsymbol{n}_{i,k} L_{i,k} + \boldsymbol{S}_i = 0 \tag{2.69}$$

若单元为半淹没单元，则由式（2.59）~式（2.61）可知，单元 C_i 三条边的外法向对流数值通量之和与底坡项近似值相等，因此，式（2.69）仍然成立。

综上所述，模型能完全保持水流的静止状态，即在不使用任何额外校正项的前提下，HydroMPM2D_FLOW 的二维水流模型具有和谐性。

2.2.7 摩阻项处理

一般地，摩阻项通过算子分裂法进行处理：

$$\frac{\mathrm{d}\boldsymbol{U}}{\mathrm{d}t} = \boldsymbol{S}_f(\boldsymbol{U}) \Rightarrow \frac{\mathrm{d}}{\mathrm{d}t} \begin{bmatrix} h \\ hu \\ hv \end{bmatrix} = \begin{bmatrix} 0 \\ -gn^2 hu\sqrt{u^2+v^2}/h^{4/3} \\ -gn^2 hv\sqrt{u^2+v^2}/h^{4/3} \end{bmatrix} \tag{2.70}$$

由于在摩阻项处理过程中，单元水深保持不变，即 $\dfrac{\mathrm{d}h}{\mathrm{d}t}=0$，因此，式（2.70）可简化为

$$\frac{\mathrm{d}}{\mathrm{d}t} \begin{bmatrix} u \\ v \end{bmatrix} = \begin{bmatrix} -gn^2 h^{-4/3} u\sqrt{u^2+v^2} \\ -gn^2 h^{-4/3} v\sqrt{u^2+v^2} \end{bmatrix} = -gn^2 h^{-4/3} \begin{bmatrix} u\sqrt{u^2+v^2} \\ v\sqrt{u^2+v^2} \end{bmatrix} \tag{2.71}$$

复杂地形的陡峭坡面，使局部区域的水深较小、流速较大，使得式（2.71）对应的常微分方程系统的 Lipschitz 常数很大，因此，摩阻项可能引起刚性问题。此时，

若采用一般的显式数值方法处理摩阻项，将显著影响数值计算的稳定性，或将极大减小全局时间步长，从而严重降低计算效率。为解决上述问题，需要采用隐式或半隐式格式处理摩阻项。然而，由于水深变量位于摩阻项的分母，一般的隐式或半隐式计算格式仍面临一些问题，如产生错误的大流速、改变流速分量的方向等。

综合考虑摩阻项处理的稳定性和计算效率，HydroMPM2D _ FLOW 采用如下半隐式格式处理摩阻项。

定义：

$$\hat{\tau} = -gn^2 \sqrt{u^2 + v^2} \, h^{-4/3} \tag{2.72}$$

则由式（2.71）可得

$$\frac{\mathrm{d}u}{\mathrm{d}t} = \hat{\tau}u \tag{2.73}$$

利用半隐式格式求解式（2.73），可得

$$\frac{u^{n+1} - \hat{u}^n}{\Delta t} = \hat{\tau}^n u^{n+1} \tag{2.74}$$

即

$$u^{n+1} = \frac{1}{1 - \Delta t \hat{\tau}^n} \hat{u}^n \tag{2.75}$$

同理可得

$$v^{n+1} = \frac{1}{1 - \Delta t \hat{\tau}^n} \hat{v}^n \tag{2.76}$$

$$\hat{\tau}^n = -gn^2 \sqrt{(\hat{u}^n)^2 + (\hat{v}^n)^2} \, (\hat{h}^n)^{-4/3}$$

式中：$\hat{h}^n$、$\hat{u}^n$、$\hat{v}^n$ 为利用数值通量对 n 时刻已知量进行更新得到的值。由式（2.75）和式（2.76）可知，采用的半隐式格式能保证不改变流速分量的方向，有利于计算稳定性。

2.2.8　柯氏力项处理

柯氏力项通过算子分裂法进行处理：

$$\frac{\partial \boldsymbol{U}}{\partial t} = \boldsymbol{S}_k(\boldsymbol{U}) \Rightarrow \frac{\partial}{\partial t} \begin{bmatrix} h \\ hu \\ hv \end{bmatrix} = \begin{bmatrix} 0 \\ fhv \\ -fhu \end{bmatrix} \tag{2.77}$$

由于在柯氏力项处理过程中，单元水深保持不变，即 $\dfrac{\mathrm{d}h}{\mathrm{d}t} = 0$，因此式（2.77）可简化为

$$\frac{\partial}{\partial t} \begin{bmatrix} u \\ v \end{bmatrix} = \begin{bmatrix} fv \\ -fu \end{bmatrix} \tag{2.78}$$

取 $W = u + vi$，将式（2.78）乘以虚数单位 i，可得

$$\frac{\partial W}{\partial t} + fW\mathrm{i} = 0 \tag{2.79}$$

对于欧拉前差，则有

$$W^{n+1} = W^n - \Delta t fW^n \mathrm{i} \tag{2.80}$$

误差方程为

$$\mathrm{e}^{n+1} = (1 - \Delta t f\mathrm{i})\mathrm{e}^n \tag{2.81}$$

对复数取绝对值，则有

$$|\mathrm{e}^{n+1}| = |1 - \Delta t f\mathrm{i}| \, |\mathrm{e}^n| = \sqrt{1 + (\Delta t f)^2} \, |\mathrm{e}^n| > |\mathrm{e}^n| \tag{2.82}$$

因此，对于柯氏力项，欧拉前差是无条件不稳定的。同理可知，欧拉后差是无条件稳定的。因此，HydroMPM2D_FLOW 采用欧拉后差格式处理柯氏力项：

$$\frac{u^{n+1} - \tilde{u}^n}{\Delta t} = fv^{n+1}$$

$$\frac{v^{n+1} - \tilde{v}^n}{\Delta t} = -fu^{n+1} \tag{2.83}$$

由式（2.82）可得

$$u^{n+1} = \frac{\tilde{u}^n + f\Delta t\tilde{v}^n}{1 + (f\Delta t)^2}$$

$$v^{n+1} = \frac{\tilde{v}^n - f\Delta t\tilde{u}^n}{1 + (f\Delta t)^2} \tag{2.84}$$

式中：$\tilde{u}^n$ 和 $\tilde{v}^n$ 为考虑柯氏力项之前的流速值。

2.2.9　风应力和波浪辐射应力处理

采用直接近似法和显式格式处理风应力和波浪辐射应力：

$$\frac{u^{n+1} - u^n}{\Delta t} = \frac{\tau_x^s}{\rho} - \frac{1}{\rho}\left(\frac{\partial S_{xx}}{\partial x} + \frac{\partial S_{xy}}{\partial y}\right)\Big|^n$$

$$\frac{v^{n+1} - v^n}{\Delta t} = \frac{\tau_y^s}{\rho} - \frac{1}{\rho}\left(\frac{\partial S_{yx}}{\partial x} + \frac{\partial S_{yy}}{\partial y}\right)\Big|^n \tag{2.85}$$

式中：风应力和波浪辐射应力均为 n 时刻的单元中心近似值。

2.2.10　时间二阶积分

在二维浅水方程数值求解过程中，时间上离散可采用 Runge-Kutta、Hancock 预测-校正等多步格式，以提高模型的时间精度。从计算效率看，在一个时间步长内，两步 Runge-Kutta 法分别对所有单元界面计算两次黎曼问题，而 Hancock 预测-校正法只需要计算一次黎曼问题，因此，Hancock 预测-校正法的计算效率相对较高；从格式稳定性看，Runge-Kutta 法可满足 TVD 性质，而 MUSCL-Hancock 法在合理选择时间步长的前提下满足 L^1 稳定。考虑模型的计算效率，HydroMPM2D_FLOW 采用 Hancock 预测-校正格式实现二维浅水方程数值求解的时间二阶积分。

2.2.10.1　预测步

在预测步，计算域的水流状态由 t 时刻更新至 $t+\Delta t/2$ 时刻，其中 Δt 为计算时间步长。Δt 可以设定为常数，也可以根据稳定条件进行自适应调整。预测步不考虑紊动扩散项。

若单元为全干或局部淹没状态，则以当前时刻的水位、流速作为预测步的结果：

$$
\begin{cases}
\eta_i^{t+\Delta t/2} = \eta_i^t \\
u_i^{t+\Delta t/2} = u_i^t \\
v_i^{t+\Delta t/2} = v_i^t
\end{cases}
\tag{2.86}
$$

式中：η_i^t、u_i^t、v_i^t 分别为 t 时刻的水位、流速；$\eta_i^{t+\Delta t/2}$、$u_i^{t+\Delta t/2}$、$v_i^{t+\Delta t/2}$ 为预测步结果。

若单元为全淹没状态，则以水位、流速作为预测变量：

$$
\eta_i^{t+\Delta t/2} = \eta_i^t - \frac{\Delta t}{2}(h\ \overline{\partial_x u} + h\ \overline{\partial_y v} + u\ \overline{\partial_x h} + v\ \overline{\partial_y h})\Big|_i^t
\tag{2.87}
$$

$$
u_t^{t+\Delta t/2} = \frac{1}{1 + gn^2 h^{-4/3}\sqrt{u^2 + v^2}\ \Delta t/2}\left[u - \frac{\Delta t}{2}(u\ \overline{\partial_x u} + g\ \overline{\partial_x \eta} + v\ \overline{\partial_y u})\right]\Big|_i^t
\tag{2.88}
$$

$$
v_t^{t+\Delta t/2} = \frac{1}{1 + gn^2 h^{-4/3}\sqrt{u^2 + v^2}\ \Delta t/2}\left[v - \frac{\Delta t}{2}(u\ \overline{\partial_x v} + g\ \overline{\partial_y \eta} + v\ \overline{\partial_y v})\right]\Big|_i^t
\tag{2.89}
$$

由于静水条件下流速为零、水位为常数，因此，由式（2.86）～式（2.89）可知，预测步的水流静止状态得以维持。

2.2.10.2　校正步

在校正步，计算域的水流状态由 t 时刻更新至 $t+\Delta t$ 时刻。基于守恒形式浅水方程，由式（2.90）对单元值进行更新：

$$
\boldsymbol{U}_i^{t+\Delta t} = \boldsymbol{U}_i^t + \frac{\Delta t}{\Omega_i}\Big[-\sum_{k=1}^{N}(\boldsymbol{F}_{i,k}^{\mathrm{adv}} + \boldsymbol{F}_{i,k}^{\mathrm{diff}} + \boldsymbol{F}_{i,k}^{\mathrm{dis}})\cdot \boldsymbol{n}_{i,k}L_{i,k} + \boldsymbol{S}_i\Big]^{t+\Delta/t2}
\tag{2.90}
$$

式中：$\boldsymbol{U}_i^t$、$\boldsymbol{U}_i^{t+\Delta t}$ 分别为单元 C_i 在 t 和 $t+\Delta t$ 时刻的单元平均守恒向量；$(\boldsymbol{F}_{i,k}^{\mathrm{adv}})^{t+\Delta t/2}$、$(\boldsymbol{F}_{i,k}^{\mathrm{diff}})^{t+\Delta t/2}$、$(\boldsymbol{F}_{i,k}^{\mathrm{dis}})^{t+\Delta t/2}$ 分别为基于预测步结果的对流数值通量和扩散数值通量；$\boldsymbol{S}_i$ 为源项近似。

2.2.11　边界条件

一般情况下，模型的边界条件实现方式有两种：镜像单元法和直接计算数值通量法。其中，前者在基于结构网格的数学模型中应用较广，而后者被广泛运用于基于非结构网格的数值模型。HydroMPM2D_FLOW 采用直接计算数值通量的方式实现边界条件。

边界处的对流数值通量为

$$\boldsymbol{F}^{\mathrm{adv}} \cdot \boldsymbol{n} = \begin{bmatrix} h_* u_{\perp,*} \\ h_* u_* u_{\perp,*} + \dfrac{1}{2} g (h_*^2 - b^2) n_x \\ h_* v_* u_{\perp,*} + \dfrac{1}{2} g (h_*^2 - b^2) n_y \end{bmatrix} \qquad (2.91)$$

式中：h_*、u_*、$u_{\perp,*}$ 分别代表边界边中点处的水深、x 方向流速分量、界面外法向方向流速分量；b 为边界边中点处的底高程值；n_x、n_y 分别为边界边的外法向单位向量在 x 和 y 方向的分量。

由式（2.91）可知，计算边界边对流数值通量的关键在于估算边界边中点处的水深、流速等物理量。

2.2.11.1 急流开边界条件

由浅水方程特征理论可知，水流为急流状态时信息沿下游传播，因此急流出口边界的扰动不会对计算域内的水流状态产生影响，故急流边界处的水深、流速等水力要素值采用边界边所在内单元的水力要素值：

$$h_* = h_{\mathrm{L}} \qquad (2.92)$$

$$u_* = u_{\mathrm{L}}, \quad v_* = v_{\mathrm{L}} \qquad (2.93)$$

在数值模拟中，常用自由出流边界条件，其实现方式与急流开边界条件相同。

2.2.11.2 缓流开边界条件

假设边界边的左侧位于计算域之内，右侧位于计算域之外，基于浅水方程特征理论，由一维浅水方程的 Riemann 不变量可得：

$$u_{\perp,*} + 2\sqrt{gh_*} = u_{\perp,\mathrm{L}} + 2\sqrt{gh_{\mathrm{L}}} \qquad (2.94)$$

式中：h_{L}、$u_{\perp,\mathrm{L}}$ 分别为边界边所在内单元形心处的水深和界面外法向方向流速分量。

式（2.94）中存在两个未知变量，因此需要结合边界条件建立关于 h_* 和 $u_{\perp,*}$ 的等式，进而通过求解方程组计算 h_* 和 $u_{\perp,*}$。

（1）水位边界条件。在边界上给定水位 $\eta = \eta(t)$，则边界上水深为 $h_* = \eta(t) - b$。由式（2.94）可得

$$u_{\perp,*} = u_{\perp,\mathrm{L}} + 2\sqrt{gh_{\mathrm{L}}} - 2\sqrt{gh_*} \qquad (2.95)$$

（2）流速边界条件。在边界上给定边界边外法向方向的流速分量 $u_{\perp,*}$，由式（2.95）可得

$$h_* = \frac{1}{4g}(u_{\perp,\mathrm{L}} + 2\sqrt{gh_{\mathrm{L}}} - u_{\perp,*})^2 \qquad (2.96)$$

（3）单宽流量边界条件。在边界上给定边界边的外法向方向单宽流量 $q_{\perp,*} = q(t)$：

$$q_{\perp,*} = h_* u_{\perp,*} \qquad (2.97)$$

由式（2.97）有

$$u_{\perp,*} = \frac{q_{\perp,*}}{h_*} \tag{2.98}$$

将式（2.98）代入式（2.94）可得

$$f(c_*) = c_*^3 - \frac{a_L}{2}c_*^2 + \frac{1}{2}gq_{\perp,*} = 0 \tag{2.99}$$

式中：$c_* = \sqrt{gh_*} \geqslant 0$；$a_L = u_{\perp,L} + 2\sqrt{gh_L}$。

当 $q_{\perp,*} < 0$ 时，为入流边界条件。通过对函数 $f(c_*) = c_*^3 - \frac{1}{2}a_L c_*^2 + \frac{1}{2}gq_{\perp,*}$ 进行分析可知，如图 2.6 所示，$f(0) = \frac{1}{2}gq_{\perp,*} < 0$；当 $a_L < 0$ 时，$f(c_*)$ 为单调递增函数；当 $a_L > 0$ 时，在区间 $(0, a_L/3]$ 内为单调递减函数，在区间 $[a_L/3, +\infty]$ 内为单调递增函数。因此，入流边界条件时，方程 $f(c_*) = 0$ 存在唯一的实数根。

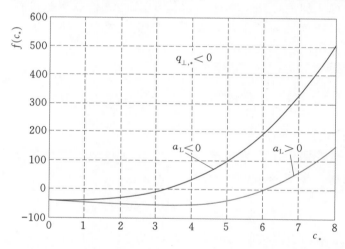

图 2.6　入流边界条件时，函数 $f(c_*)$ 示意图

当 $q_{\perp,*} > 0$ 时，为出流边界条件。通过对函数 $f(c_*) = c_*^3 - \frac{1}{2}a_L c_*^2 + \frac{1}{2}gq_{\perp,*}$ 进行分析可知，如图 2.7 所示，$f(0) = \frac{1}{2}gq_{\perp,*} > 0$；当 $a_L < 0$ 时，$f(c_*)$ 为单调递增函数，$f(c_*) = 0$ 无实数根；当 $0 < a_L < 3(gq_{\perp,*})^{1/3}$ 时，$f(c_*)$ 的最小值大于零，$f(c_*) = 0$ 无实数根；当 $a_L = 3(gq_{\perp,*})^{1/3}$ 时，$f(c_*)$ 的最小值等于零，$f(c_*) = 0$ 有且仅有一个实数根；当 $a_L > 3(gq_{\perp,*})^{1/3}$ 时，$f(c_*) = 0$ 有两个互不相等的实数根。

值得注意的是，出流边界条件时，图 2.7 所示四种情况并非全部成立。由于出流边界处于缓流状态，即

$$0 < u_{\perp,*} < \sqrt{gh_*} \tag{2.100}$$

定义：

$$\varphi(h_*) = u_{\perp,*} + 2\sqrt{gh_*} - 3(gq_{\perp,*})^{1/3} = \frac{q_{\perp,*}}{h_*} + 2\sqrt{gh_*} - 3(gq_{\perp,*})^{1/3} \tag{2.101}$$

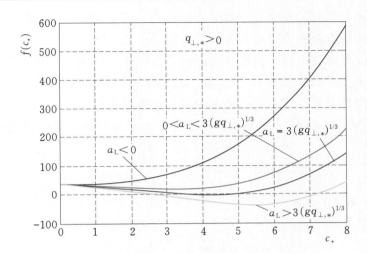

图 2.7 出流边界条件时，函数 $f(c_*)$ 示意图

则 $\varphi(h_*)$ 的导数为

$$\varphi'(h_*) = -\frac{q_{\perp,*}}{h_*^2} + \frac{\sqrt{g}}{\sqrt{h_*}} \tag{2.102}$$

则有

$$\varphi'(h_*) = -\frac{u_{\perp,*}}{h_*} + \frac{\sqrt{g}}{\sqrt{h_*}} > \frac{-\sqrt{gh_*}}{h_*} + \frac{\sqrt{g}}{\sqrt{h_*}} = 0 \tag{2.103}$$

故可得 h_* 的取值范围为

$$\frac{q_{\perp,*}}{h_*} < \sqrt{gh_*} \Rightarrow h_* > \left(\frac{q_{\perp,*}^2}{g}\right)^{1/3} \tag{2.104}$$

将 $h_* = \left(\dfrac{q_{\perp,*}^2}{g}\right)^{1/3}$ 代入式（2.101）可得

$$\varphi\left[\left(\frac{q_{\perp,*}^2}{g}\right)^{1/3}\right] = 0 \tag{2.105}$$

因此

$$\varphi(h_*) > 0, \quad h_* > \left(\frac{q_{\perp,*}^2}{g}\right)^{1/3} \tag{2.106}$$

即

$$u_{\perp,*} + 2\sqrt{gh_*} > 3(gq_{\perp,*})^{1/3} \tag{2.107}$$

故有

$$a_L = u_{\perp,L} + 2\sqrt{gh_L} > 3(gq_{\perp,*})^{1/3} \tag{2.108}$$

因此，出流边界条件时，图 2.7 所示四种情况中，仅有 $a_L > 3(gq_{\perp,*})^{1/3}$ 情况成立。虽然此时 $f(c_*) = 0$ 有两个互不相等的实数根，但仅有一个实数根满足式（2.100）所示缓流条件。

采用直接求根的方法求解式（2.99）所示的一元三次方程，并结合上述可行解范围分析，对求取的方程根进行取舍。

（4）断面流量边界条件。当模拟实际河道上的洪水演进时，往往给定上游断面的流量过程。由于上游断面被淹部分较宽，水流存在一定的横比降，因此不能简单地通过将上游断面的流量除以断面被淹部分宽度实现单宽流量计算。

HydroMPM2D_FLOW 根据边界单元的过水断面面积正比例分配断面总流量：

$$Q^i = (h_* u_{\perp,*} l)^i = \frac{Q(h_* l)^i}{\sum_{k=1}^{M} (h_* l)^k} \tag{2.109}$$

式中：l 为边界单元的边长度；Q^i 为边界断面的第 i 条边的流量。

第 i 条边的单宽流量为

$$q_{\perp,*}^i = \frac{Q^i}{l^i} = \frac{Q(h_*)^i}{\sum_{k=1}^{M} (h_* l)^k} \tag{2.110}$$

通过式（2.110）计算得到各条边的单宽流量，进而结合单宽流量边界条件实现方法，进行相应的边界条件计算。

为获取边界处的 x 和 y 方向流速分量，还需要计算边界处的切向流速。假设边界处的切向流速等于边界边所在内单元形心处的切向流速，即

$$u_{/\!/,*} = u_{/\!/,L} \tag{2.111}$$

通过式（2.112）将局部坐标系下的流速值转换为笛卡尔坐标系下的流速值：

$$u_* = u_{\perp,*} n_x - u_{/\!/,*} n_y$$
$$v_* = u_{\perp,*} n_y + u_{/\!/,*} n_x \tag{2.112}$$

基于 h_*、$u_{\perp,*}$、u_* 和 v_* 计算结果，通过式（2.91）计算边界边的对流数值通量。

2.2.11.3　固壁边界条件

在固壁边界处，边界上的法向流速为零，且假设边界上的水深值等于边界边所在内单元形心处的水深值，即

$$u_{\perp,*} = 0, \qquad h_* = h_L \tag{2.113}$$

结合式（2.91），边界边的对流数值通量为

$$\boldsymbol{F}^{\mathrm{adv}} \cdot \boldsymbol{n} = \begin{bmatrix} 0 \\ \dfrac{1}{2} g(h_*^2 - b^2) n_x \\ \dfrac{1}{2} g(h_*^2 - b^2) n_y \end{bmatrix} \tag{2.114}$$

2.2.12　稳定条件

由于采用显式格式求解浅水方程，为保持格式的稳定，时间步长 Δt 受克朗稳定条件的限制：

$$\Delta t = C_r \cdot \min_{i, k}\left\{\left[\frac{\Omega}{(|u_\perp| + \sqrt{gh})_k L_k}\right]_i\right\} \quad (i=1, 2, \cdots, N; k=1, 2, 3, 4)$$

$$(2.115)$$

式中：Δt 为时间步长；C_r 为克朗（Courant）数，$0 < C_r \leqslant 1$，一般情况下取 $C_r = 0.8$；$u_\perp$ 和 h 为界面的 Roe 平均；N 为计算网格的单元总数。

2.2.13 数值计算流程

二维浅水方程数值计算流程如图 2.8 所示。

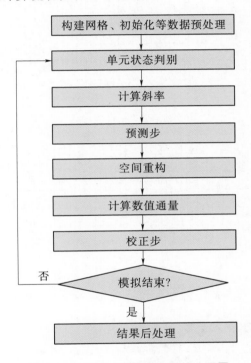

图 2.8 二维浅水方程数值计算流程图

2.3 模型验证与应用

2.3.1 一维全溃坝水流

Stoker 于 1957 年推导出平底、无阻力、矩形断面、棱柱形河道上一维瞬时全溃坝水流的解析解。尽管这种简化条件下的溃坝洪水过程与实际地形上溃坝洪水演进有较大差异，但由于存在准确解，可用于检验数学模型的精度。因此，该算例被广泛用于浅水动力学数值模型验证。

本算例的计算条件：河渠长 1000m，宽 100m，坝体位于 $x=500$m 处，忽略大坝厚度；$t=0$ 时大坝瞬时全溃；河道平底、无阻力；上游及左、右岸为固壁边界，下游为自由出流边界。

分别采用以下两套网格：

（1）三角形网格。采用 2000 个三角网格剖分计算域，计算网格如图 2.9（a）所示，共 1111 个节点和 3110 条边，单元的平均面积为 $50.0m^2$。

（2）四边形网格。采用 1000 个三角网格剖分计算域，计算网格如图 2.9（b）所示，共 1111 个节点和 2110 条边，单元的平均面积为 $100.0m^2$。

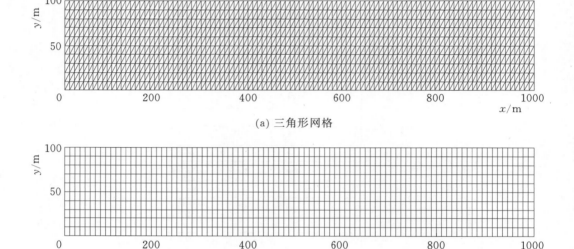

(a) 三角形网格

(b) 四边形网格

图 2.9　一维全溃坝水流算例计算网格示意图

2.3.1.1　下游河床初始水深大于零

初始条件：上游水位为 5.0m，下游水位为 0.2m，流速为 0。

基于上述条件，模拟计算了 $t=10s$、20s、30s、40s、50s、60s 时水位、流速分布情况。水位、流速的数值解与理论解对比分别如图 2.10 和图 2.11 所示。由结果对比可知，水位、流速的数值解与理论解吻合较好；在激波附近，流速计算结果存在一定的数值振荡，但振幅较小。此外，图 2.10 反映了大坝溃决后向下游呈"立波"形式推进的洪水波前。

2.3.1.2　下游河床初始水深为零

初始条件：上游水位为 5.0m，下游水位为 0m，流速为 0。

基于上述条件，模拟计算了 $t=5s$、15s、25s、35s 时水位、流速分布情况。水位、流速的数值解与理论解对比分别如图 2.12 和图 2.13 所示。由结果对比可知，水位的数值解与理论解吻合较好；在水深较大区域，流速数值解与理论解吻合较好；在干湿界面附近，流速数值解与理论解的偏差较大。

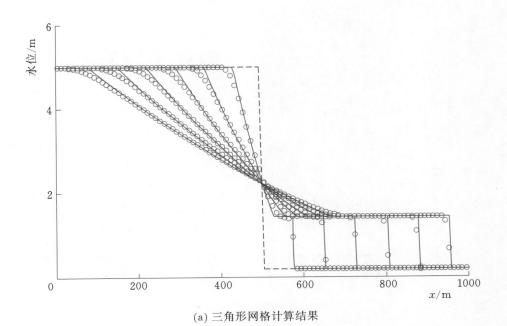

(a) 三角形网格计算结果

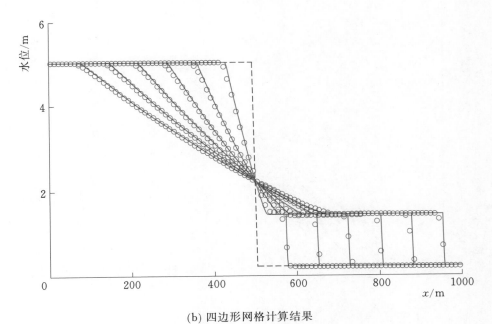

(b) 四边形网格计算结果

○ 数值解　　——理论解　　- - -初始值

图 2.10　不同时刻水位数值解与理论解对比

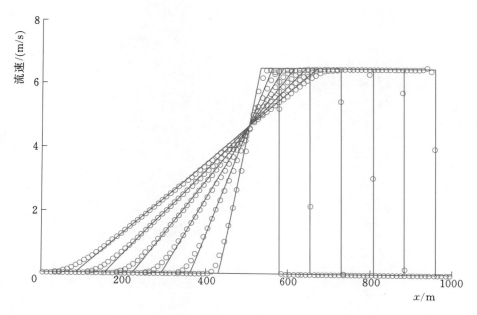

(a) 三角形网格计算结果

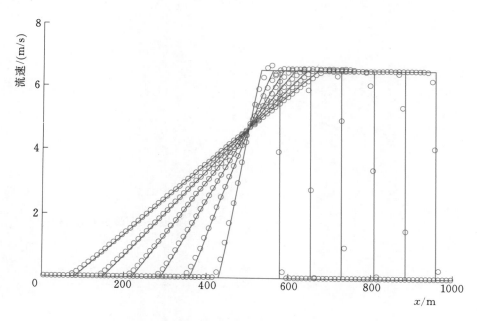

(b) 四边形网格计算结果

○ 数值解　—— 理论解

图 2.11　不同时刻流速数值解与理论解对比

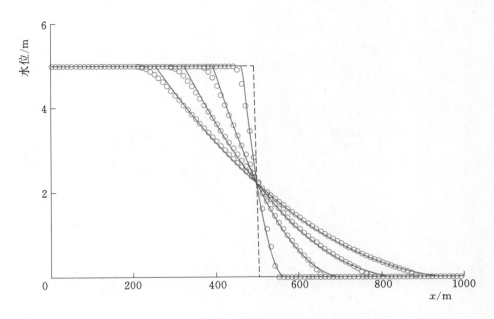

(a) 三角形网格计算结果

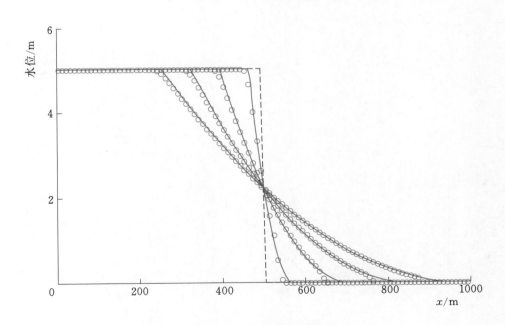

(b) 四边形网格计算结果

○ 数值解　　—— 理论解　　--- 初始值

图 2.12　不同时刻水位数值解与理论解对比

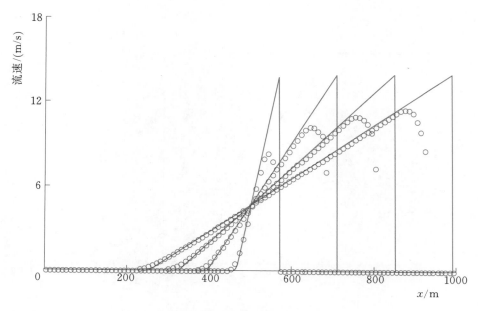

(a) 三角形网格计算结果

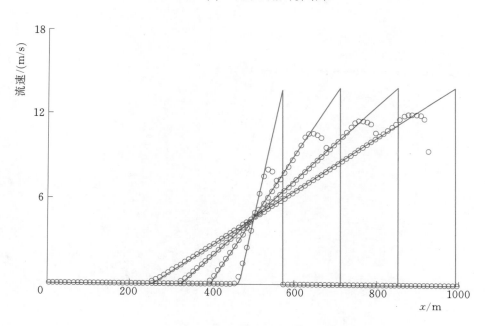

(b) 四边形网格计算结果

○ 数值解　——— 理论解

图 2.13　不同时刻流速数值解与理论解对比

2.3.2 二维非对称型局部溃坝水流

本算例为平底河道上的二维溃坝问题。如图 2.14 所示，计算域为 200m×200m 正方形区域；大坝位于 $y=100\sim115$m 处，坝体宽 15m；溃口位于 $x=95\sim170$m 处。上游初始水位为 10m，下游初始水位为 5m；糙率 $n=0.020$。

分别采用两套网格：

（a）三角形网格。采用 8424 个三角单元剖分计算域，如图 2.14（a）所示。

（b）四边形网格。采用 4212 个三角单元剖分计算域，如图 2.14（b）所示。

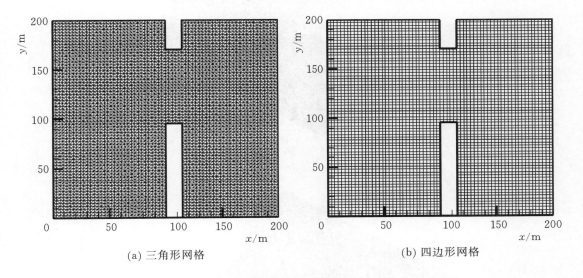

| (a) 三角形网格 | (b) 四边形网格 |

图 2.14 计算域及网格剖分示意图

$t=7.2$s 时的三维水面和平面流场模拟结果如图 2.15 和图 2.16 所示。由模拟结果可知，大坝溃决后，向上游传播的洪水波所到之处水位降低，向下游传播的洪水波所到之处水位上涨，水面和流场模拟结果符合物理规律。结果表明，模型的激波捕获能力强，适合模拟溃坝洪水波的传播和区域洪水淹没过程。

2.3.3 具有干湿界面的静止水流算例

本算例为非平底地形上具有干湿界面的二维静水问题，用于检验模型的和谐性。计算域为 1m×1m 的正方形区域，不考虑河底摩阻项，底高程为

$$b(x,y)=\max\{0,\ 0.25-5\times[(x-0.5)^2+(y-0.5)^2]\}(\mathrm{m}),\qquad 0\leqslant x,\ y\leqslant 1\mathrm{m}$$

给定初始水位 0.1m，初始流速为 0。计算域四周均采用固壁边界条件。结合初始水位值和底高程数据可知，计算域内存在干湿边界，而数值模型必须一直维持水位为常数、流速为零的静水状态。

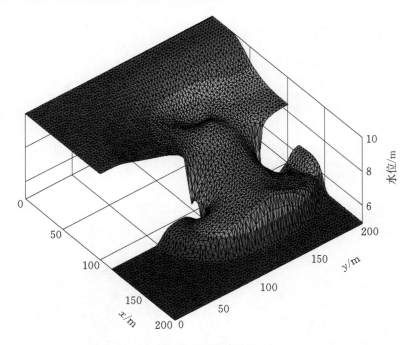

(a) 三角形网格计算结果

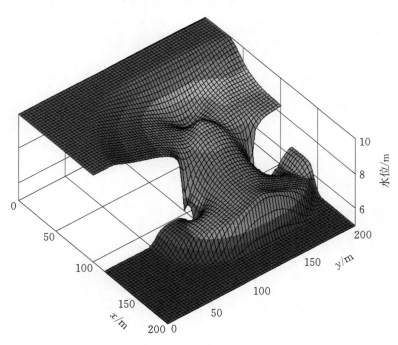

(b) 四边形网格计算结果

图 2.15　三维水面模拟结果

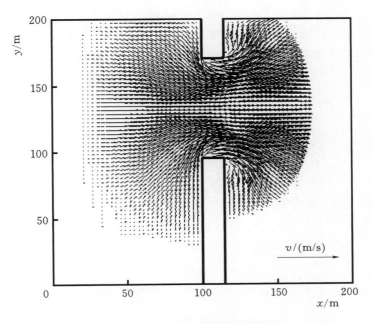

(a) 三角形网格计算结果

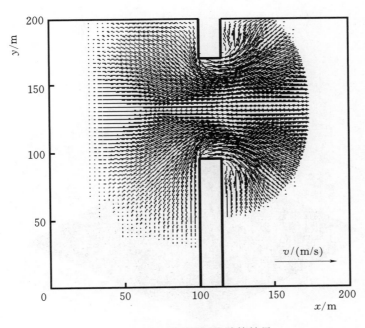

(b) 四边形网格计算结果

图 2.16 平面流场模拟结果

　　采用三角形、四边形混合网格剖分计算域，共 1276 个三角形单元和 612 个四边形单元，如图 2.17 所示。模拟计算了 500s 内的水流运动情况。图 2.18 给出了 $t=500s$ 的三维水面模拟结果。图 2.19 给出了沿直线 $y=0.5m$ 的水位、单宽流量数值解与理论解对比，结果表明计算水位未发生变化、计算流速为 0，模型满足和谐性要求。

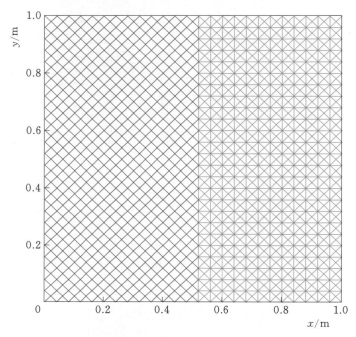

图 2.17　网格剖分示意图

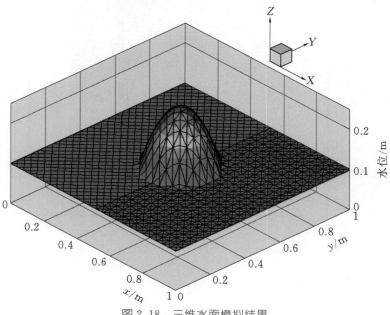

图 2.18　三维水面模拟结果

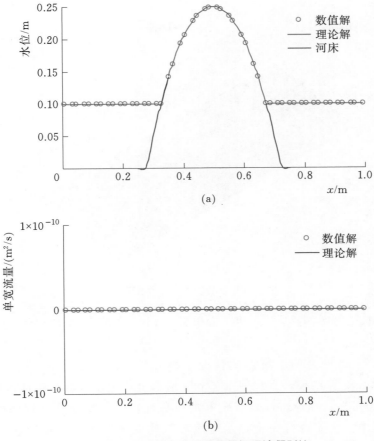

图 2.19　水位、单宽流量数值解与理论解对比

2.3.4　过驼峰的溃坝波传播问题

该算例为河底有 3 个驼峰的溃坝波传播问题，包括了复杂地形、干湿边界、摩阻力等复杂条件下的非恒定水流运动过程，被广泛用于检验模型计算稳定性、复杂地形和动态边界处理能力等。如图 2.20 所示，计算域为长 75m、宽 30m 的矩形水槽，大坝位于 $x=16\text{m}$ 处，忽略大坝厚度。大坝上游初始水位为 1.875m，初始流速为 0；下游为干底河床。糙率 $n=0.018$。水槽四周采用固壁边界条件。水槽内包括两个分别位于（30m，6m）和（30m，24m）、高度为 1m 的驼峰和一个位于（47.5m，15m）、高度为 3m 的驼峰，底高程为

$$b(x,y)=\max[0,1-0.125\sqrt{(x-30)^2+(y-6)^2},$$
$$1-0.125\sqrt{(x-30)^2+(y-24)^2},$$
$$3-0.3\sqrt{(x-47.5)^2+(y-15)^2}]$$

由于底高程和初始条件均关于直线 $y=15\text{m}$ 对称，因此，任意时刻的计算结果应保持关于直线 $y=15\text{m}$ 对称。为消除网格结构不对称的影响，将计算域剖分为关于直线

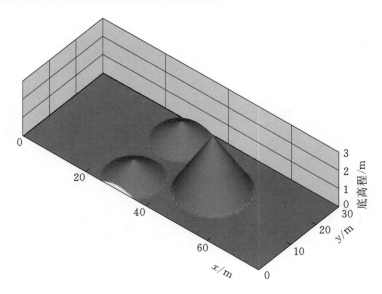

图 2.20　计算区域及底高程示意图

$y=15\text{m}$ 对称的三角形网格，共 9000 个单元、4606 个节点和 13605 条边，单元的平均面积为 0.25m^2。

模拟计算了 300s 内的水流运动情况。图 2.21 为 $t=2\text{s}$、6s、12s、24s、30s 和 300s 的三维水面计算结果，直观展示了复杂地形上溃坝洪水波的传播过程。

由图 2.21 可知，水流特征具有较好的对称性，水流运动符合物理规律。在溃坝波的传播过程中，小驼峰曾完全被水流淹没，其涨水和退水过程明显，而高驼峰顶部未被水流淹没。同时，溃坝波冲击驼峰，并由此产生向上游传播的反射波。$t=2\text{s}$ 时，小驼峰处已有水流通过，并处于涨水状态；$t=6\text{s}$ 时，小驼峰已完全被水流淹没，而溃坝波前已到达高驼峰处；$t=12\text{s}$ 时，洪水已由高驼峰两侧流过，并向下游传播，绕流现象明显；$t=24\text{s}$、30s 时，洪水已淹没整个平底区域，下游固壁对水流的反射现象显著；$t=300\text{s}$ 时，由于溃坝波之间、溃坝波与河床、溃坝波与固壁的相互作用，以及摩阻项引起的能量耗散，水流已趋于静止状态。

图 2.22 给出了 $t=2\text{s}$、6s、12s、24s、30s 和 300s 的水深、流速等值线和平面流场模拟结果，更清晰地展示了溃坝洪水波传播过程。计算结果表明，模型有效模拟了复杂的水流运动过程，适合模拟溃坝洪水演进及其淹没过程。

2.3.5　连续弯道水流模拟

水槽由两个弧度为 90° 的弯道组成，弯道半径为 8.53m，两弯道的连接过渡段为 4.27m 的直水槽，弯道的进出口由长为 2.13m 的直段过渡，弯道的横断面为矩形断面，断面宽为 2.34m。共布置了 1～13 个断面，依次对应编号为 S_0、S_1、S_2、S_3、C110、$\pi/16$、$\pi/8$、$3\pi/16$、$\pi/4$、$5\pi/16$、$3\pi/8$、$7\pi/16$ 和 $\pi/2$。试验水槽平面布置如图 2.23 所示。

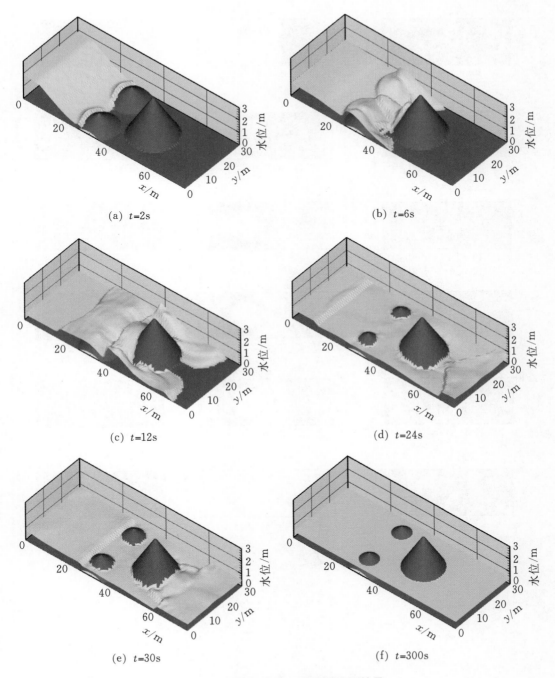

(a) $t=2s$　　　　　　　　　　　(b) $t=6s$

(c) $t=12s$　　　　　　　　　　　(d) $t=24s$

(e) $t=30s$　　　　　　　　　　　(f) $t=300s$

图 2.21　不同时刻的三维水面模拟结果

　　上游流量为 $0.0985\mathrm{m^3/s}$，平均水深为 $0.115\mathrm{m}$，进口平均流速为 $0.366\mathrm{m/s}$，水面比降为 0.00035，谢才系数取 $60.5\mathrm{m^{1/2}/s}$。采用有滑移固壁边界条件，计算网格如图 2.24 所示，共计 2250 个四边形网格。

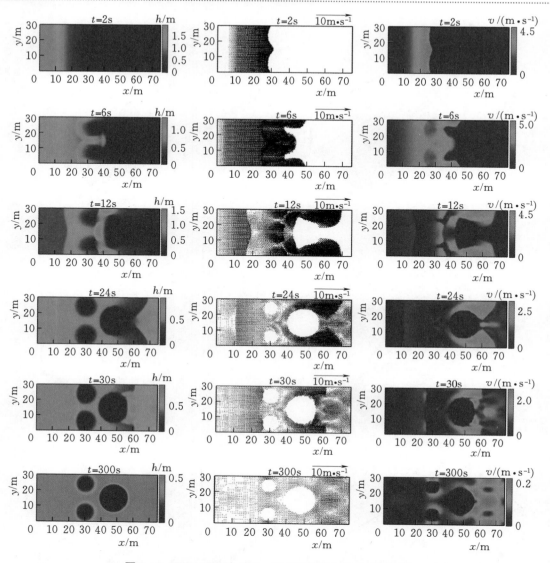

图 2.22　不同时刻的水深、流速等值线和流场模拟结果

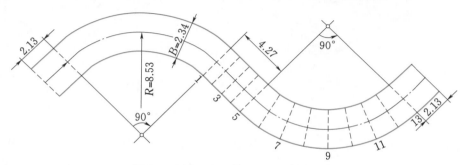

图 2.23　弯道平面示意图（单位：m）

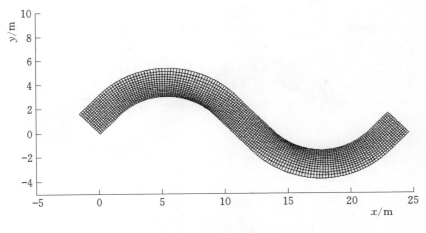

图 2.24 网格剖分示意图

水面线计算结果如图 2.25 所示。可以看出，受弯道影响，在上弯道左岸水位高于右岸水位，在下弯道右岸水位高于左岸水位。

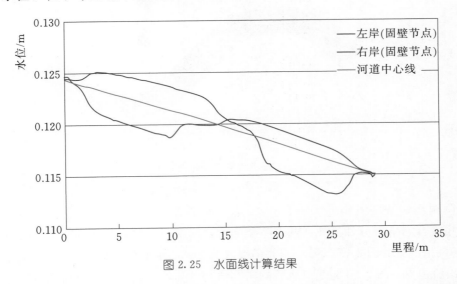

图 2.25 水面线计算结果

流速分布结果见图 2.26 所示，其中，图 2.26 (a) 和图 2.26 (b) 分别为不考虑、考虑弯道环流的影响，直观反映了弯道环流对局部流速分布的影响。

2.3.6 坡面流模拟

选取 1955 年 Iwagaki 在光滑铝板水槽内进行的坡面流实验，用于验证水动力数学模型在暴雨山洪模拟方面的适用性。光滑铝板水槽总长 24m，由 3 段长度均为 8m、底坡不同的水槽串联组成。各段水槽内的底坡保持不变，水槽连接处不存在高程突变，从上游到下游各段水槽的底坡依次 0.020、0.015 和 0.010。上游、中游、下游段水槽的降雨强度分别为 389cm/h、230cm/h、288cm/h。按降雨历时的不同共 3 组

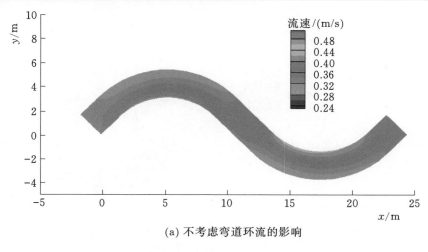

(a) 不考虑弯道环流的影响

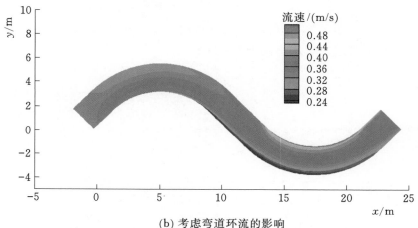

(b) 考虑弯道环流的影响

图 2.26　流速分布模拟结果

实验，降雨历时分别为 10s、20s、30s，不考虑下渗。

采用混合网格剖分计算域，共 857 个单元，其中，三角形单元 588 个，四边形单元 269 个。网格剖分如图 2.27 所示。单元糙率取 0.0098。水槽两侧及上游边界为固壁，下游为自由出流边界。图 2.28 为 3 组实验的实测值与计算值对比。由结果对比可知，本模型计算结果与实测结果较为接近，其中，模型合理再现了降雨历时为 10s 的实验中出口断面存在流量急剧上涨的过程，表明模型可有效模拟具有大梯度解的浅水流动问题。

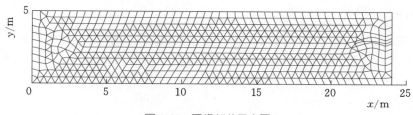

图 2.27　网格剖分示意图

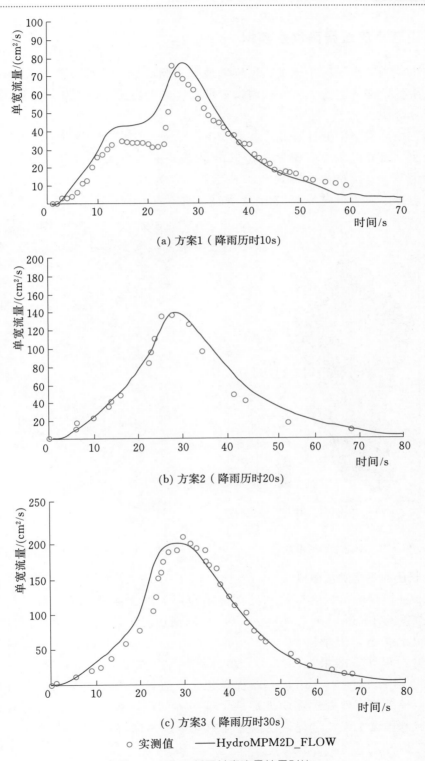

(a) 方案1（降雨历时10s）

(b) 方案2（降雨历时20s）

(c) 方案3（降雨历时30s）

○ 实测值 ——HydroMPM2D_FLOW

图 2.28 出口断面单宽流量结果对比

2.3.7　山区小流域暴雨洪水模拟

研究区域为某山丘区小流域，该流域地处贵州高原向广西丘陵过渡的斜坡地带，地势北高南低，地形起伏大。流域内沟壑纵横，群山高耸，山谷相间，河溪交错的地貌景观十分分明。

采用三角形网格剖分计算域，共 93501 个单元、45187 个节点，河道局部区域进行网格加密。研究区域总面积为 $198.6km^2$，最小网格单元面积为 $235m^2$，网格边的最短长度为 20m。网格地形如图 2.29 所示，高程为 $550\sim1650m$。流域出口断面采用自由出流边界。河道布设了 15 个统计断面（图 2.30）。

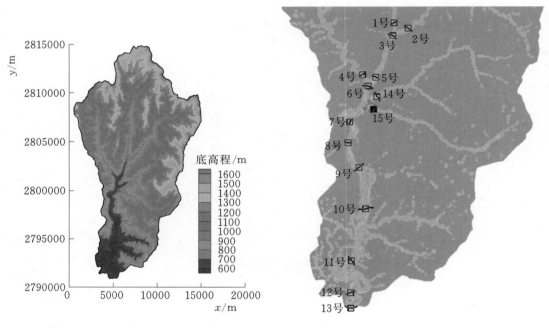

图 2.29　山区小流域地形示意图　　　　图 2.30　流量统计断面位置示意图

2.3.7.1　长历时暴雨洪水模拟

为了验证模型的水量守恒性和处理陡峭地形上坡面流的能力，假设均匀恒定降雨，净雨强度为 100mm/h。由经验可知，当降雨历时足够长时，流域出口断面流量将保持为恒定状态，流量值为 $198.6km^2 \times 100mm/h = 5517m^3/s$。出口断面（断面 13）的流量过程计算结果见图 2.31。由计算结果可知，出口断面流量在 $t = 1.4\sim 3.9h$ 之间急剧上涨，在 $t = 6h$ 后基本保持恒定，流量值为 $5515m^3/s$，与理论值基本一致。表明模型能有效处理陡峭地形的干湿边界问题，可合理计算具有复杂地形的山区小流域暴雨洪水汇流过程。模拟过程中水量误差保持在 $10^{-5}m^3$ 数量级，严格保证了水量守恒性。

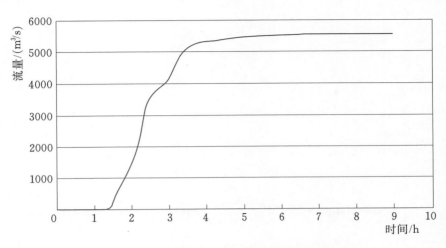

图 2.31 出口断面（断面 13）的流量过程计算结果

2.3.7.2 短历时暴雨洪水模拟

假设均匀恒定降雨历时 1h，净雨强度为 100mm/h。模拟了 3h 的洪水演进过程。各断面计算流量过程见图 2.32。

由图 2.32 可知，模型合理计算了流域内各河道沿程断面的流量过程，得到了各断面的洪水到达时间、峰现时刻、洪峰流量等洪水要素。以断面 3 为例，其流量过程合理反映了断面 1 及断面 2 流量过程的叠加效应。此外，由计算结果可知，断面 7 至断面 10 的洪水到达时间相差不大，而断面 11 至断面 13 的洪水到达时间存在较为明显的延迟现象。由于断面 7 至断面 10 区间河段地势较为陡峭，洪水归槽明显，洪水流速快，因此，洪水到达时间差别不大；而断面 10 至断面 13 区间河段地势相对平坦，洪水在河道及两岸传播，洪水流速较慢，因此，洪水到达时间差别较大。此外，断面 14 与断面 15 的流量相对大小合理反映了断面相应集水面积的比例。

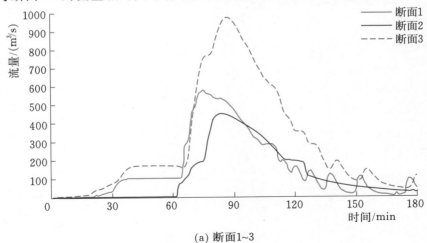

(a) 断面 1~3

图 2.32（一） 断面流量过程计算结果

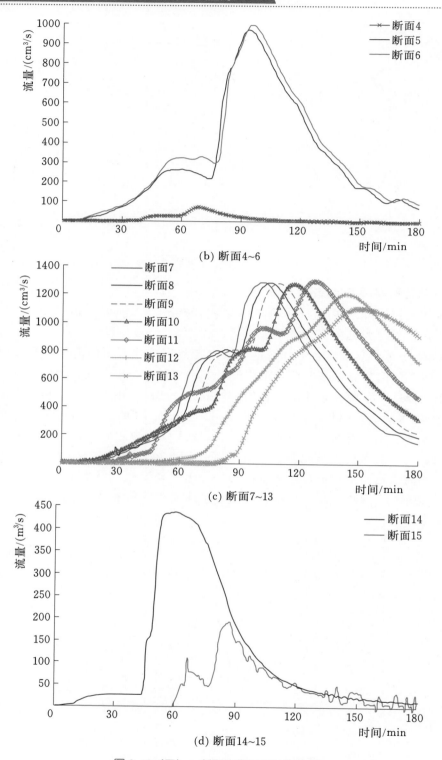

(b) 断面4~6

(c) 断面7~13

(d) 断面14~15

图 2.32（二）　断面流量过程计算结果

此外，在整个模拟过程中，未出现非物理大流速问题，计算稳定。本算例历时 3h 的暴雨洪水模拟，计算时间步长取 0.2s，共计算耗时 1.27h。

2.3.8 圆形水域内水平风生环境流量模拟

风生流是由风对水面的摩擦剪应力作用引起的，在黏滞力作用下使表层水体带动下层水体向前运动。因而风是引起水体混合的重要动力因素。风作用水面时，剧烈地扰动水面，其切应力将形成水面漂流或风生流，在持续作用下由于岸边界和底边界的制约，水体还将形成垂向环流和水平环流。

本算例模拟在恒定风速作用下圆形水域内的水流运动状态。圆形水域半径 R_0 为 200m，静止时水深相对于圆心呈递增趋势，水深用式（2.117）表示：

$$h = \frac{1}{1.3}\left[\frac{1}{2} + \sqrt{\left(\frac{1}{2} - \frac{1}{2}\frac{r_b}{R_0}\right)}\right] \tag{2.117}$$

式中：h 为水深；r_b 是该点相对于圆心的距离。

计算域及地形如图 2.33 所示。

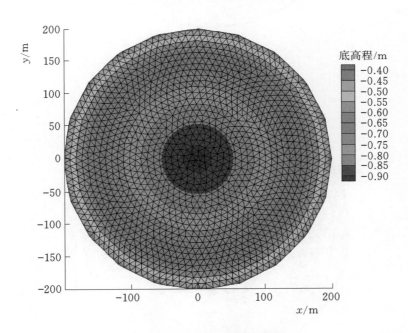

图 2.33 计算域及地形示意图

初始时刻水面静止，水面高程为 0m。水面上出现正北风，风速为 2.53m/s。水面风应力拖曳系数取常数 0.0026，即保持风应力为常数 0.02N/m²。

图 2.34 为流场、流迹线和流速等深图计算结果。由模拟结果可知，垂线平均流速方向在深水区（即水域中心区）和所作用的风向相反，而在浅水区流速方向和风向基本一致。在圆心区两侧存在两个水平环流，流场图沿风向成对称形状。计算结

果表明，HydroMPM2D＿FLOW 合理模拟了水平风生环流现象，可有效计算水面风应力对水流运动的影响。

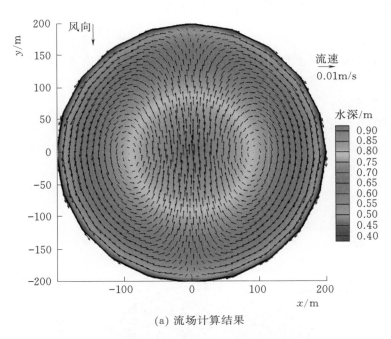

(a) 流场计算结果

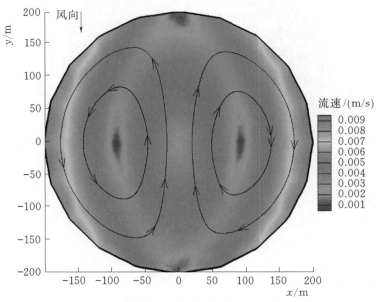

(b) 流迹线和流速等深图计算结果

图 2.34　水平环流模拟结果

2.4 小结

围绕二维水流数值模拟面临复杂计算域、强不规则地形、干湿界面、摩阻项刚性问题、水量守恒、复杂流态、间断或大梯度解、强非恒定流、通量梯度与底坡项平衡等难题，基于改进形式二维浅水方程，采用 Godunov 型非结构有限体积法，建立了适用于河道、洪泛区、城市、河口及近海区等实际地形上的二维浅水动力学模型。HydroMPM2D_FLOW 二维水动力学模型具有以下特色与创新：

（1）采用非结构三角形、四边形混合网格剖分计算域，与贴体正交曲线网格相比，非结构网格更容易生成，且易实现局部网格加密，适应具有复杂计算域的洪水数值模拟。

（2）采用斜底单元模型，地形表达具有二阶精度，同时可有效模拟生产堤和公路等线状建筑物组成的奇异地形。

（3）引入斜底单元的水位-体积关系，提高了干湿界面处理能力，有利于水量守恒。

（4）基于守恒形式浅水方程，运用 Godunov 型有限体积法离散控制方程，采用具有时空二阶精度的 MUSCL - Hancock 预测-校正格式，具有高分辨率激波捕获能力，可有效解决缓流、急流、临界流以及急缓流交替等复杂流态问题。

（5）基于改进形式二维浅水方程，采用单元中心型底坡项近似方法，在不使用任何额外校正项的前提下模型具有和谐性。

（6）采用半隐式格式处理摩阻项，该格式可保证在摩阻项计算过程中不改变流速分量的方向，也能避免小水深引起的非物理大流速问题，有利于计算稳定性。

（7）能有效处理干湿界面，可在固定网格上实现动边界模拟。

（8）基于完整的二维浅水方程，考虑了降雨/下渗、柯氏力、床底切应力、风应力、波浪辐射应力等因素，适用于河道、洪泛区、城市、河口及近海区等实际地形上的水动力计算，在暴雨山洪模拟、河道及城市地表洪水演进模拟、潮流运动模拟等方面具有较好的应用前景。

第 3 章

HydroMPM2D _ SWAN 数学 模型原理及应用

在工程应用中，近岸海浪计算的模型主要有如下三类：第一类是基于 Boussinesq 方程的计算模型，它是直接描述海浪波动过程水质点运动的模型；第二类是基于缓坡方程的计算模型，它基于海浪要素在海浪周期和波长的时空尺度上缓变的事实，描述海浪波动能量、波高、波长、频率等要素的变化；第三类计算模型基于波作用量守恒方程，主要应用于深海和陆架海的风浪计算，通过引入浅水作用项，在近岸较大范围波浪计算中也具有很大优势。

波作用量守恒方程，基于能量平衡理论，能有效简化海岸波浪场的动力作用过程，通过在方程中加入源项能综合考虑各种复杂的物理过程，能广泛应用于大范围海域的风浪成长演变模拟。波作用量守恒的研究主要集中在物理源项的改进和研究，波作用量守恒方程的发展经历了第一代、第二代，现在已经发展到了第三代。第一代模型的源项只考虑了风能输入和大气耗散，由于理论的不完善，只能应用于较简单的地形和气象条件。相比第一代模型，第二代模型在源项中添加了四组分波相互作用，提高了模型的性能，拓展了应用范围。第三代模型的源项基本上与第二代模型相同，但是在细节方面不同，能更加合理地考虑各种复杂的动力过程。

SWAN 属于基于波作用量守恒方程的第三代模型。SWAN 由荷兰 Delft 大学土木工程系开发维护。截至 2016 年 12 月，公开源代码的最新版本为 SWAN41.10。本章采用 SWAN41.10 源代码实现基于三角形网格的二维波浪数学模型，并针对波流耦合问题，修改部分 SWAN 代码，实现非结构三角形、四边形混合网格上二维水流数学模型 HydroMPM2D _ FLOW 与 SWAN 模型耦合。

3.1 SWAN 模型简介

SWAN 模型采用基于 Euler 近似的作用量谱平衡方程，采用线性随机表面重力波力量。SWAN 模型考虑了较多的物理过程，包括以下内容：

（1）波浪的传播过程：①由流和非平稳的水深变化引起的折射；②由水底和流的

变化引起的浅化；③逆流传播时的阻碍和反射；④波浪在几何空间的传播；⑤次网格障碍物对波浪的阻碍和波浪通过次网格障碍物传播；⑥波生增水。

（2）波浪的产生和耗散：①风输入；②白帽破碎；③水深变浅引起的破碎；④水底摩擦；⑤三波和四波非线性相互作用。

SWAN 模型的优点有：适用于深水、过渡水深和浅水情形；模型包括能量输入、损耗和非线性相互作用机理，源项的处理应用当今海浪研究最新成果，尤其在非线性项中加入三相波相互作用项，能合理模拟近岸波浪传播的周期变化；将随机波浪以不规定谱型的方向谱表示；模型计算不要求闭合边界条件，只要适当选择计算域的边界，即便只能确定其中一个迎浪边界条件，也能获得可靠的效果。

3.2　SWAN 模型的控制方程和数值算法

在存在水流的情况下，波谱的作用量守恒而能量密度不守恒，因此，SWAN 模型采用两维波作用密度谱平衡方程作为控制方程，在笛卡尔坐标系中，其形式为

$$\frac{\partial}{\partial t}N + \frac{\partial}{\partial x}C_x N + \frac{\partial}{\partial y}C_y N + \frac{\partial}{\partial \sigma}C_\sigma N + \frac{\partial}{\partial \theta}C_\theta N = \frac{S(\sigma,\theta)}{\sigma} \qquad (3.1)$$

式中：$N = N(\sigma, \theta, x, y, t) = E(\sigma, \theta, x, y, t)/\sigma$ 为波作用密度谱；$E(\sigma, \theta, x, y, t)$ 为能谱密度；σ 为波浪的相对频率（在随水流运动的坐标系中观测到的频率）；θ 为波向（各谱分量中垂直于波峰线的方向）；C_x 和 C_y 为波浪传播速度的 x 和 y 向分量；C_σ 和 C_θ 为 σ 和 θ 空间的波浪传播速度；S 是以谱密度表示的波浪生成、耗散及波波相互作用的源项，包括风能输入、波与波之间的非线性相互作用和由于底摩擦、白浪、水深变浅引起的波浪破碎等导致的能量耗散。

式（3.1）中，左端第一项表示动谱密度随时间的变化率；第二项和第三项表示动谱密度在物理空间 x、y 方向上以 C_x 和 C_y 的速度传播；第四项表示在 σ（相对频率）空间由于水深及流的变化而导致相对频率 σ 的转移；第五项表示由于水深及流的诱导而产生的折射传播。右端的源项 S 表示能量在谱中输入、输出，以及在谱内部输移等物理过程，控制着波谱演化，是该方程中最为重要的部分。

波浪传播速度均采用线性波理论进行计算：

$$C_x = \frac{\mathrm{d}x}{\mathrm{d}t} = \frac{1}{2}\left[1 + \frac{2kd}{\sinh(2kd)}\right]\frac{\sigma k_x}{k^2} + U_x \qquad (3.2)$$

$$C_y = \frac{\mathrm{d}y}{\mathrm{d}t} = \frac{1}{2}\left[1 + \frac{2kd}{\sinh(2kd)}\right]\frac{\sigma k_y}{k^2} + U_y \qquad (3.3)$$

$$C_\sigma = \frac{\mathrm{d}\sigma}{\mathrm{d}t} = \frac{\partial \sigma}{\partial d}\left[\frac{\partial d}{\partial t} + \vec{U} \cdot \nabla d\right] - C_g \vec{k}\frac{\partial \vec{U}}{\partial S} \qquad (3.4)$$

$$C_\theta = \frac{\mathrm{d}\theta}{\mathrm{d}t} = \frac{1}{k}\left[\frac{\partial \sigma}{\partial d}\frac{\partial d}{\partial m} + \vec{k} \cdot \frac{\partial \vec{U}}{\partial m}\right] \qquad (3.5)$$

式中：$\vec{k} = (k_x, k_y)$ 为波数；d 为水深；$\vec{U} = (U_x, U_y)$ 为流速；S 为沿 θ 方向的空间坐标；

M 为垂直于 S 的坐标；算子 $\partial / \partial t$ 定义为 $\dfrac{\mathrm{d}}{\mathrm{d}t} = \dfrac{\partial}{\partial t} + \vec{C} \cdot \nabla_{x,y}$。

SWAN 模型采用了全隐式有限差分格式对波作用量守恒能量平衡方程进行离散，然后在四个象限中用迭代的方法进行求解，其计算是无条件稳定的，因而允许较大的时间步长，其具体的离散格式参见 SWAN 用户手册。

3.3　SWAN 模型的物理过程和源项处理

SWAN 模型的右端源项可表示为

$$S = S_{in} + S_{dsw} + S_{dsb} + S_{dsbr} + S_{nl4} + S_{nl3} \tag{3.6}$$

式中：S_{in} 为风能输入；S_{dsw} 为白浪耗散；S_{dsb} 为底摩擦耗散；S_{dsbr} 为破碎耗散；S_{nl4} 为四组分波相互作用；S_{nl3} 为三组分波相互作用。

上述源项所代表的物理机制并不是影响风浪成长演变的全部物理机制，但显然是影响波浪能量传递的主要机制。从应用角度来看，在现有的理论范围内，通过合理调整公式和参数，利用这些机制无疑能较好地描述波浪的成长演变。

3.4　波流耦合原理

前述章节分别介绍了 HydroMPM2D _ FLOW 潮流模型和 HydroMPM2D _ SWAN 风浪模型，但尚未考虑潮流-风浪之间的相互作用。实际上，这两个动力过程发生在同一水体中，受同一外力驱动，两者的产生密切相关而又互相影响。为此，考虑风浪和潮流相互作用是十分必要的。

波浪对流场的作用较为复杂。辐射应力理论阐释了波浪与流场之间的相互作用机理，从能量平衡的角度提出了线性波与流之间的能量变化，为波流相互作用提供了理论基础。波浪对潮流的作用，除通过辐射应力项外，还会通过增加海面的表层粗糙度进而影响水面风应力；在浅水区域波动会影响到海底，从而影响底部摩阻应力。

水流对波浪的影响主要有：在运动学上引起 Doppler 效应（顺流时波长变大、波高减小；逆流时波长变小、波高增大，甚至出现波浪破碎），导致波浪传播方向发生变化，即波浪在水流中的折射现象，同时波数和频率也将发生改变，使波浪出现辐聚或辐散。在动力学上，当流速矢量与波数矢量点乘为正时，流从波中吸收能量且波高减小，反之波从流中吸收能量波高增大。

3.4.1　辐射应力机制

潮流运动过程中，由于同时存在风浪过程，水体不仅受到风应力的作用，还受到波浪辐射应力的作用。辐射应力指的是作用在垂直于底面的单位水柱体四个侧面上的由于动量交换而产生的应力时均值。这一概念最早由 Longuet - Higgins 提出并给出计算公式，辐射应力理论澄清了沿岸流形成的力学机理，在波浪增减水和近岸流系的研究中得到了广泛应用。

由于波浪在浅水中的变形和破碎，引起波高沿程变化，造成了辐射应力的沿程变化，进而引起时均水面和流场的变化，造成了波浪的增减水和沿岸流现象，这也是波浪对潮位和流场的影响机制。

式（2.9）给出了波浪辐射应力表达式。在二维潮流模型中，通过考虑波浪辐射应力项，计算波浪辐射应力引起的水位和流场变化。

3.4.2 依赖于波浪状态的水面风应力

水面风应力计算式（2.7）中，风应力拖曳系数 C_d 与海面风速及海面粗糙度有关。波浪对水面风应力的影响主要是通过表面波动改变海面粗糙度来改变风应力拖曳系数和风应力。

目前来说，波浪对表面风应力的影响机制仍是一个比较活跃的课题。长久以来，基于不同的观点和认识，学者们提出了各种理论及计算模式，这些理论模式从不同角度描述了波浪对表面风应力的影响。

然而，由于目前缺乏较为权威、广泛、成熟使用的考虑波浪的风应力拖曳系数计算公式，因此，HydroMPM2D_FLOW 仍采用式（2.8）所示的线性计算公式。

3.4.3 波生流过程

波浪在向近岸海域的传播过程中，由于水深变浅会引起波浪的浅化、破碎等现象。随着波浪破碎和能量在浅水中的传递，在波浪破碎带附近水域会形成一定范围的波生流场，其表现形式包括沿岸流、裂流、底部回流等。

沿岸流主要是由于斜向入射波浪或沿岸波高不均等原因在破波带内外引起的顺岸方向的水流；裂流主要是在近岸复杂地形下形成于破波带内，并穿过破波带流向外海的离岸流；底部离岸流则是由于波浪在斜坡上破碎后形成的一种三维波生流中的底层回流现象，即在破波带内水体表层向岸流动，底层离岸流动。这些流场的存在对近岸地貌变迁、泥沙输运，以及浅海污染物迁移等均有显著的影响。

HydroMPM2D_FLOW 利用波浪场计算得到的辐射应力，将其作为水流驱动力添加到水动力控制方程中，实现波生流（沿岸流、裂流）数值模拟。

3.4.4 波流耦合计算模式

波流耦合模型包括考虑波浪影响的潮流模块、考虑潮流影响的波浪场模块和波、流场影响参量传递过程。其中潮流模块为波浪场计算提供流速和水位参量，而波浪场模块则为潮流计算提供波高、波向、谱峰周期、平均周期、波长、底部波周期、底部波动轨迹速度等波要素，并通过计算得到波浪辐射应力和考虑波浪作用的床底切应力等。

在程序运行阶段，HydroMPM2D_FLOW 和 HydroMPM2D_SWAN 模型依次

交替运行。由于潮流模型选择基于克朗条件的自适应时间步长模式，考虑到波浪模型时间步长往往要远大于潮流模型时间步长，故以波浪模型的固定时间步长为基准，潮流模型时间步长进行自适应匹配。波浪模型运行一步，将波浪状态由当前时刻 t 更新至下一时刻 $t+\Delta t_{SWAN}$；相应地，潮流模型运行 m 步，其中，前 $m-1$ 步的时间步长 $\Delta t_{FLOW}^i (i=1, 2, \cdots, m-1)$ 由克朗条件控制，第 m 步的时间步长为

$$\Delta t_{FLOW}^m = \Delta t_{SWAN} - \sum_{i=1}^{m-1} \Delta t_{FLOW}^i \tag{3.7}$$

式中：Δt_{SWAN} 为波浪模型的固定时间步长；Δt_{FLOW} 为潮流模型的自适应时间步长；m 为运行步数，其应满足条件 $0 \leqslant \Delta t_{FLOW}^m < \Delta t_{CFL}$，$\Delta t_{CFL}$ 为由克朗条件动态控制的潮流模型最大时间步长。上述时间步长自适应匹配方法，可有效解决波浪模型和潮流模型时间步长不一致的问题。

3.4.5 非结构混合网格计算

针对非结构网格，SWAN 模型仅支持三角形网格。为了实现三角形、四边形混合网格上波流耦合计算，HydroMPM2D_SWAN 采用如下方法：

（1）HydroMPM2D_FLOW 水动力模型采用三角形、四边形混合网格。

（2）保持混合网格所有节点不变、已有三角形拓扑结构不变；仅对已有四边形网格按对角线进行切分，将 1 个四边形网格切分为 2 个相邻的三角形网格。

（3）HydroMPM2D_SWAN 波浪模型采用上述经转换的纯三角形网格。

需要注意的是，在 HydroMPM2D_FLOW 与 HydroMPM2D_SWAN 的变量交换过程中，均采用节点的变量值。因此，上述网格转换仅需要保证两套网格之间的节点序号一致即可。

3.5 模型验证与应用

采用 Bristol Channel 算例作为 HydroMPM2D_SWAN 模型验证算例。

计算网格及地形如图 3.1 所示。网格边界均按固壁边界处理，初始水位为 -1.5 m，流速为 0，糙率系数为 0.03125，不考虑柯氏力，模拟时段长度为 240h。

采用均匀、非恒定风场，水面 10m 高处的风速及风向过程见图 3.2。水面风应力拖曳系数取常数值 0.001255。

分别考虑数值格式精度（一阶精度或二阶精度）、是否波流耦合等情况，分析 HydroMPM2D_SWAN 模型计算结果。

3.5.1 不考虑波浪的风生流模拟

不考虑波浪影响，即仅计算风应力对水流运动的影响。流速分布计算结果见图 3.3，水位计算结果见图 3.4。

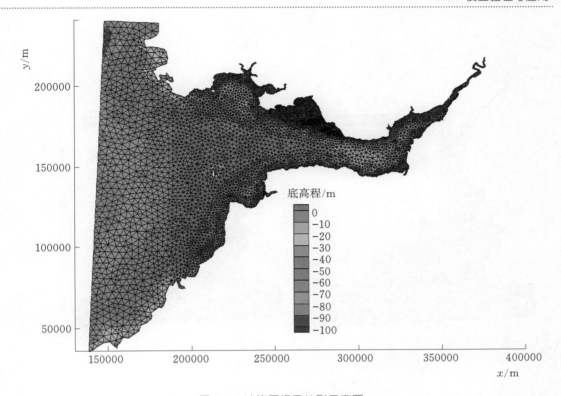

图 3.1 计算网格及地形示意图

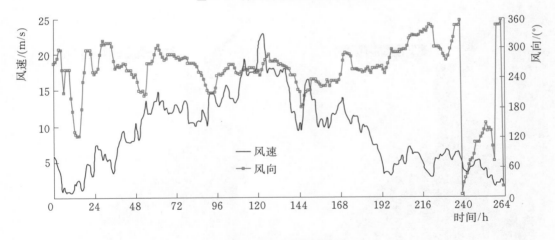

图 3.2 风速及风向过程

由图 3.3 所示流速分布结果可知，HydroMPM2D_SWAN 模型计算结果基本合理。在 $t=51$—179h 时段内，平均风速为 13.76m/s，平均风向为 $255°$（西北风），在较强水面风应力、海域地形、陆域边界的影响下，沿岸流速明显较大，流速分布结果基本合理。

由图 3.4 所示水位计算结果可知，HydroMPM2D_SWAN 模型计算结果基本合理，水位分布直观反映了风作用下湾内增水效果，计算结果基本合理。

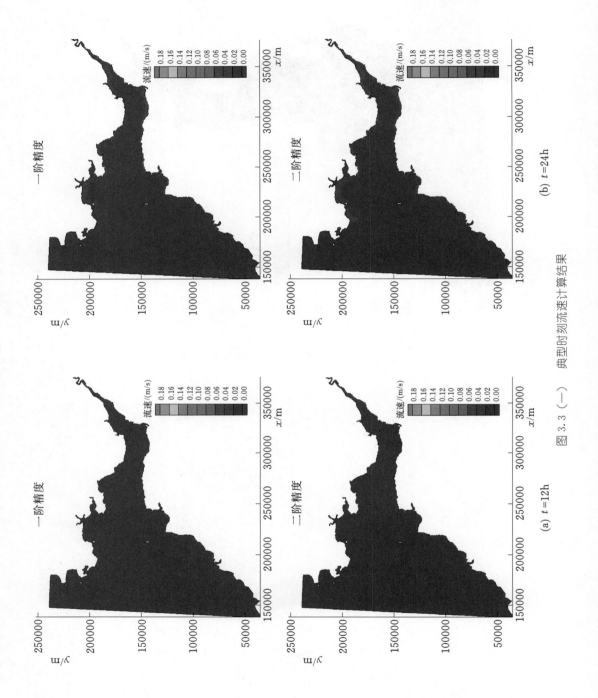

(a) $t=12\text{h}$ 　　　　　(b) $t=24\text{h}$

图 3.3 （一）　典型时刻流速计算结果

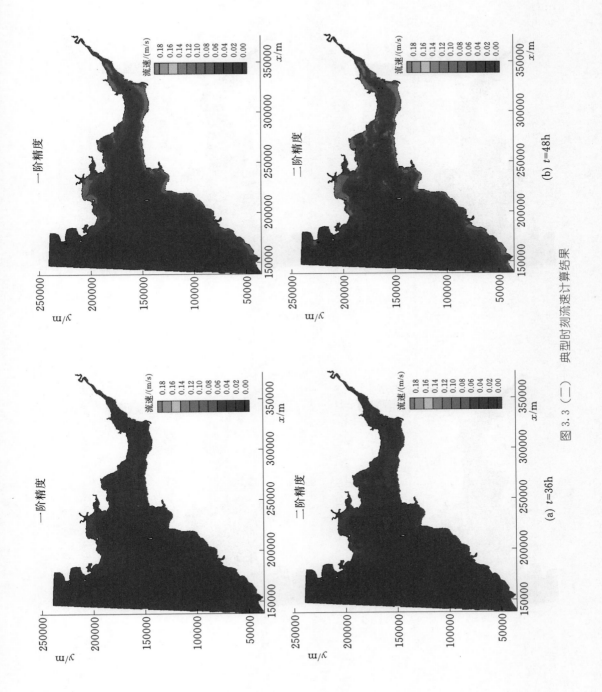

图 3.3 (二) 典型时刻流速计算结果

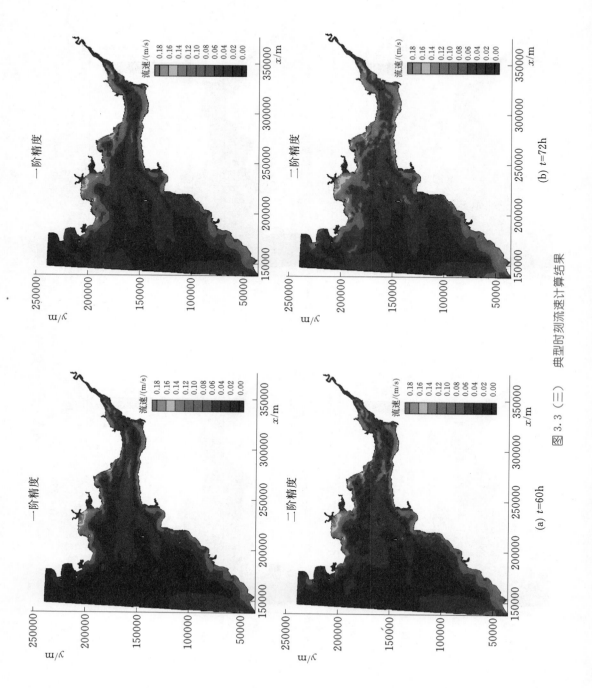

图 3.3 (三) 典型时刻流速计算结果

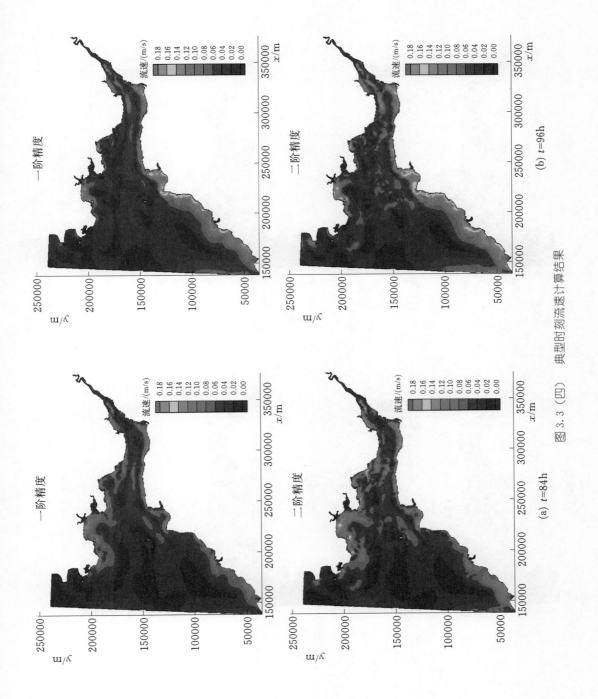

图 3.3（四） 典型时刻流速计算结果

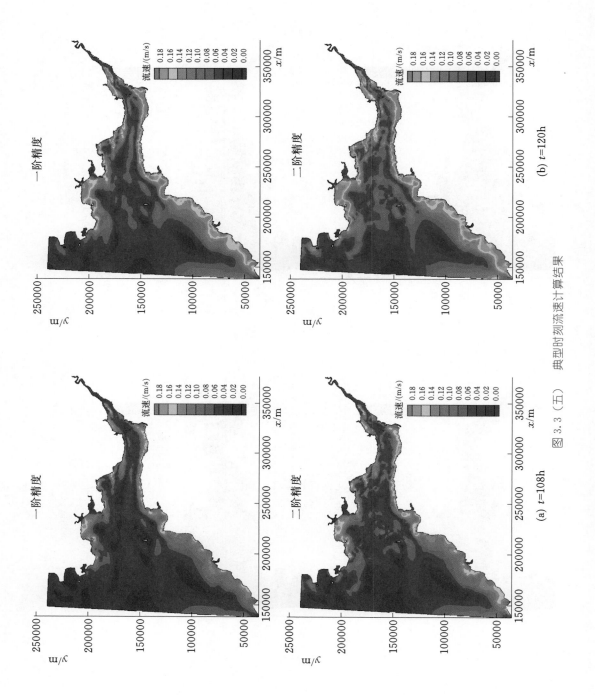

图 3.3（五）　典型时刻流速计算结果

60

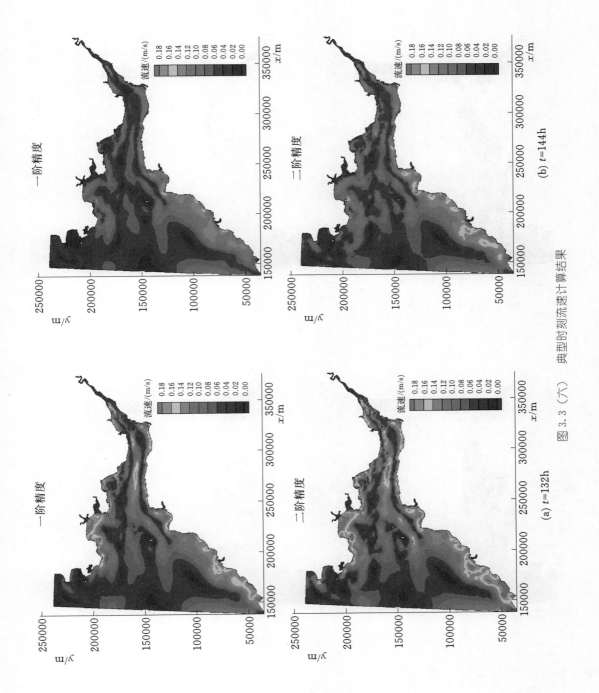

(a) t=132h

(b) t=144h

图 3.3 （六） 典型时刻流速计算结果

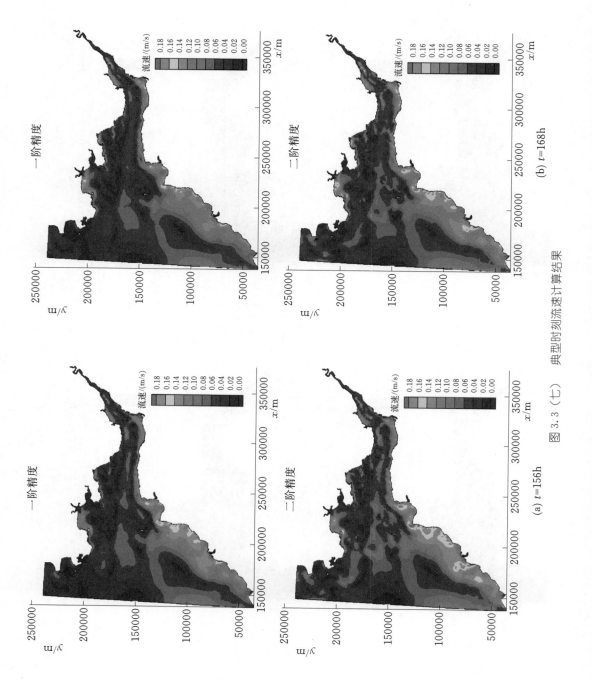

(a) t=156h

(b) t=168h

图 3.3 （七）　典型时刻流速计算结果

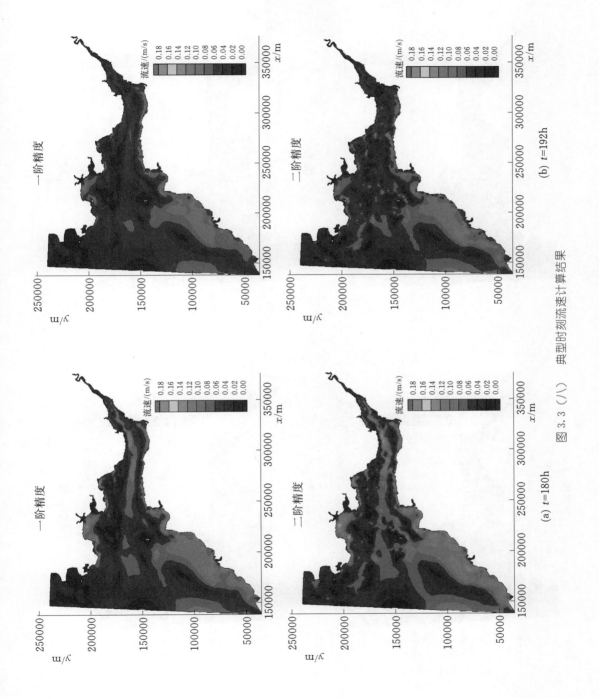

(a) $t=180\mathrm{h}$

(b) $t=192\mathrm{h}$

图 3.3 (八) 典型时刻流速计算结果

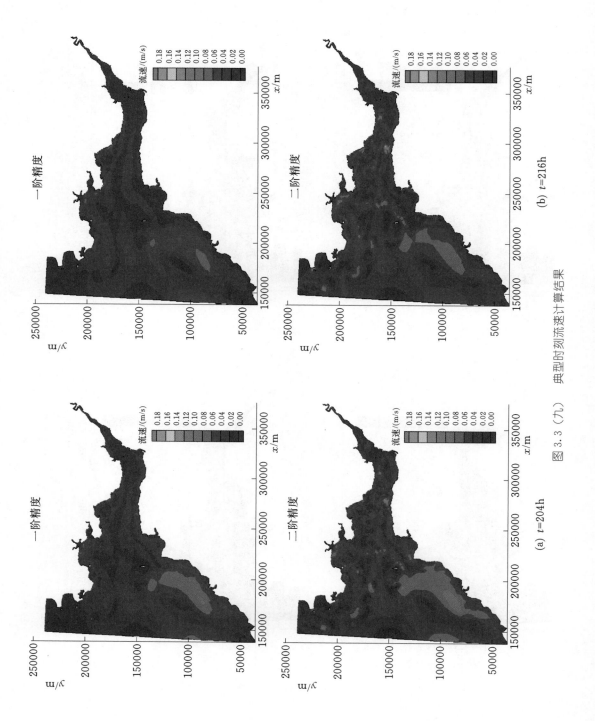

图 3.3（九）　典型时刻流速计算结果

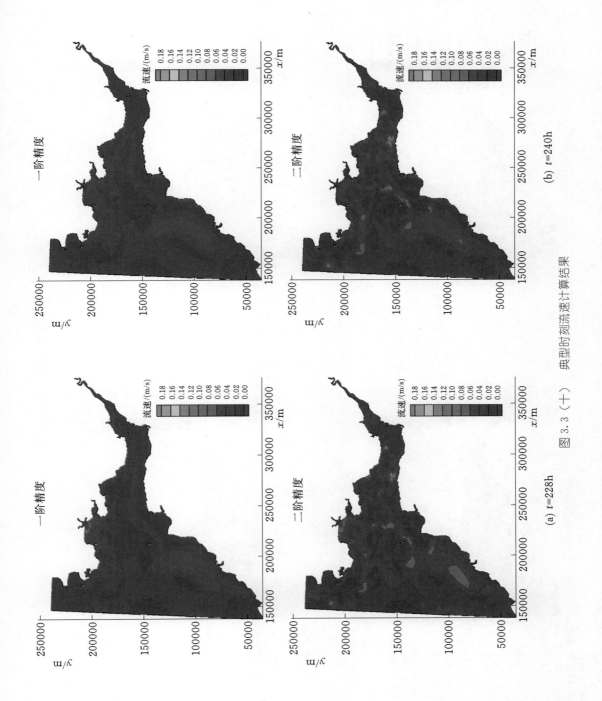

图 3.3 （十） 典型时刻流速计算结果

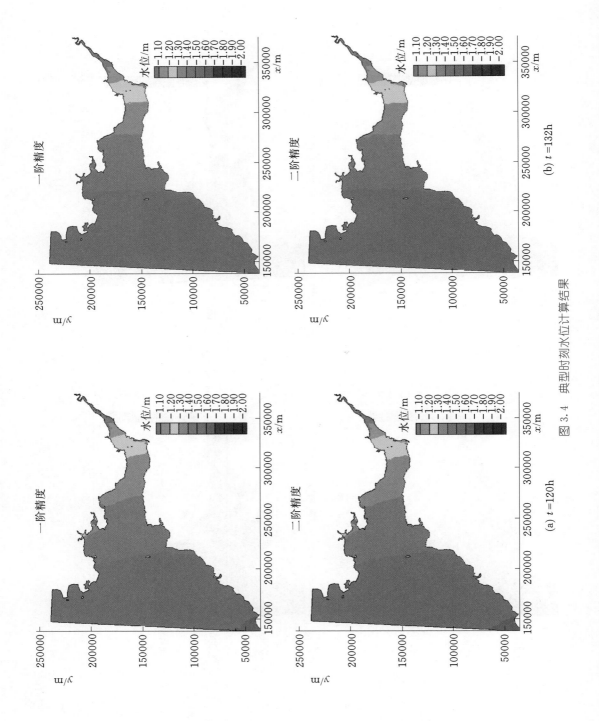

图 3.4　典型时刻水位计算结果

在模型计算效率方面：一阶精度计算模式下，HydroMPM2D_SWAN 计算耗时为 0.10h；二阶精度计算模式下，HydroMPM2D_SWAN 计算耗时为 0.24h。表明 HydroMPM2D_SWAN 模型串行计算效率较高。

3.5.2　不考虑水动力的风浪模拟

假设整个计算域水位相等，水位随时间变化过程见图 3.5；西边界传入波浪的有效波高、波峰周期过程见图 3.6。海面风速、风向过程见图 3.2。计算结果见图 3.7。典型时刻的风向与波浪传播方向见图 3.8。

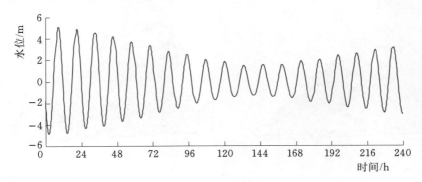

图 3.5　计算域的水位变化过程

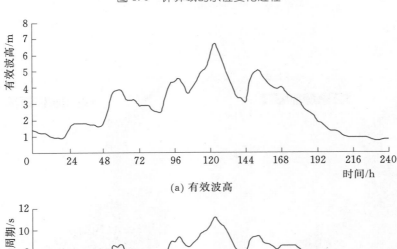

(a) 有效波高

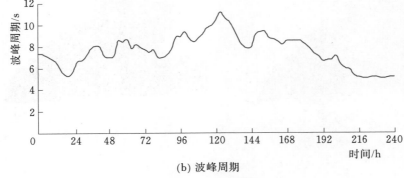

(b) 波峰周期

图 3.6　西边界波浪参数过程

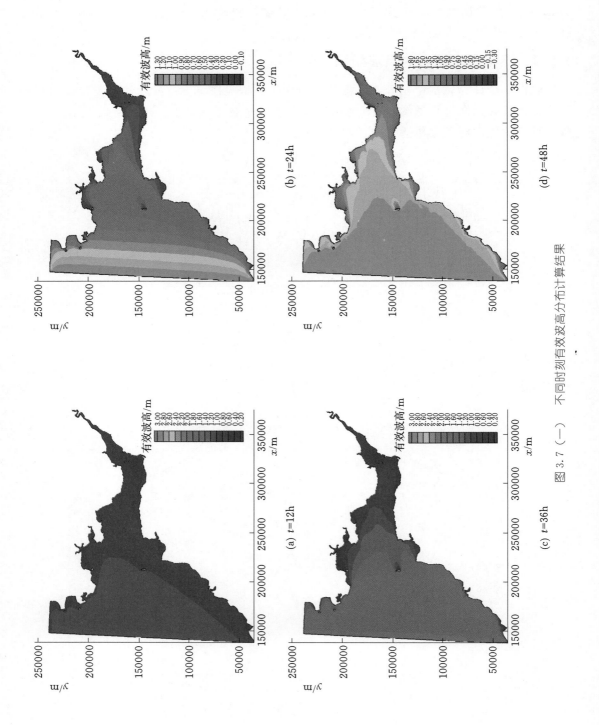

图 3.7（一）　不同时刻有效波高分布计算结果

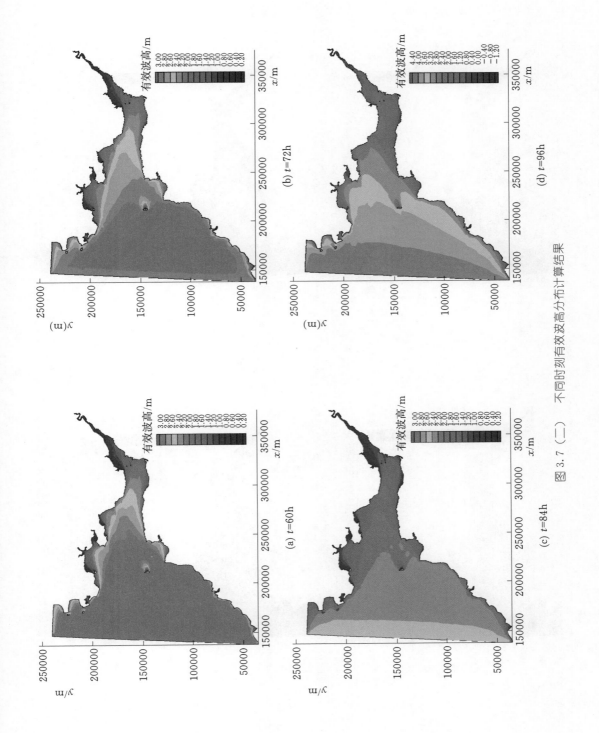

图 3.7 （二） 不同时刻有效波高分布计算结果

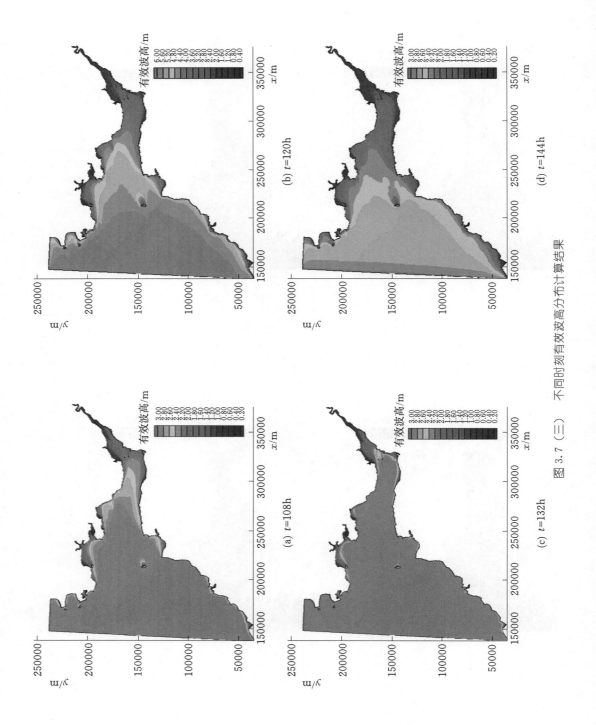

图 3.7 （三）　不同时刻有效波高分布计算结果

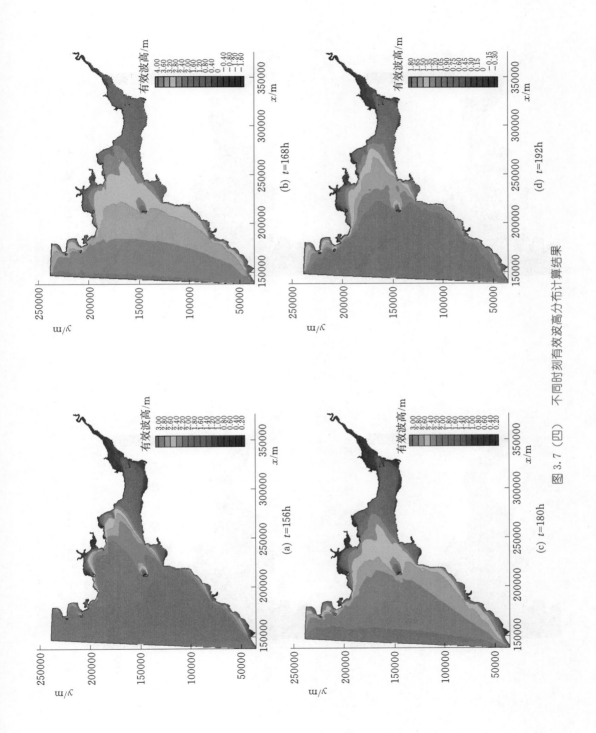

图 3.7 (四) 不同时刻有效波波高分布计算结果

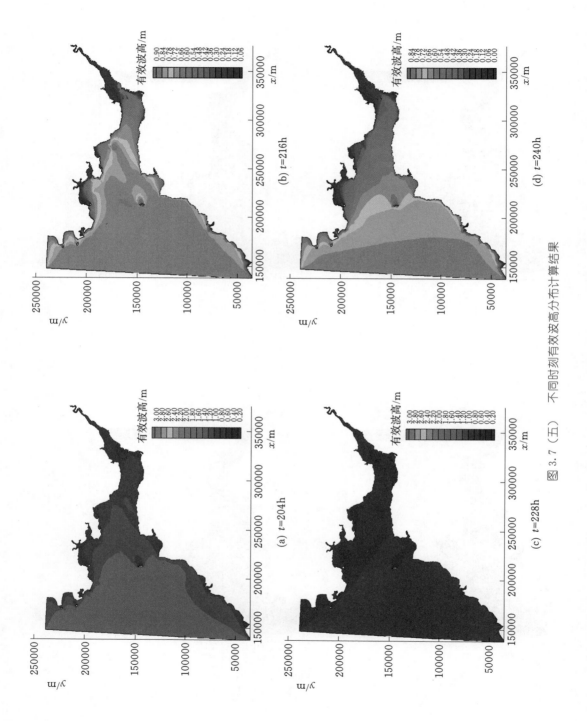

图 3.7（五）　不同时刻有效波高分布计算结果

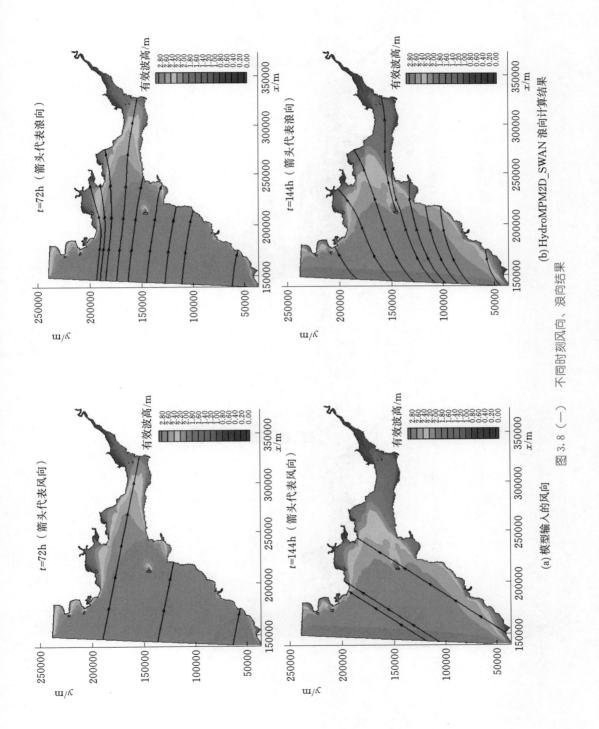

(a) 模型输入的风向　　　　　　(b) HydroMPM2D_SWAN 浪向计算结果

图 3.8 （一）　不同时刻风向、浪向结果

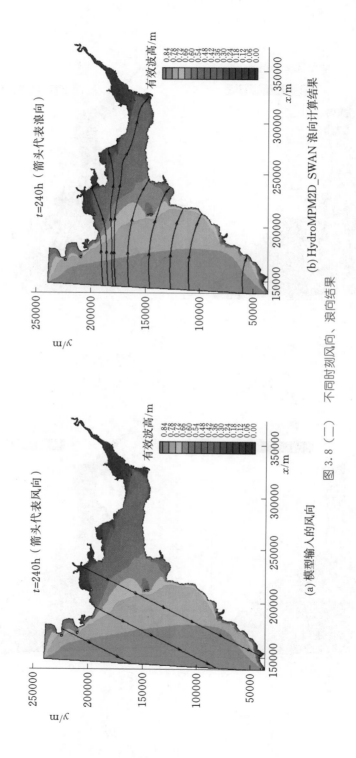

(a) 模型输入的风向

(b) HydroMPM2D_SWAN 浪向计算结果

图 3.8 （二）　不同时刻风向、浪向结果

　　由图 3.7 可知，HydroMPM2D＿SWAN 计算的有效波高分布及变化趋势基本合理。

　　图 3.8 直观展示了边界波浪输入与海面风力共同作用下波浪传播方向。其中，$t=240$h 时，边界浪向与风向夹角约 $100°$，在西边界附近，浪向主要受边界浪向控制；在海域中心的孤岛附近，波浪传播方向同时受波浪边界和海面风力的影响。波高分布图直观反映了海面风力作用对波浪传播的影响。

　　为了进一步验证模型，统计了不同采样点的有效波高、平均波周期（TM01）的过程。其中，图 3.9 为采样点位置和地形示意图。图 3.10 和图 3.11 分别为不同采样点的有效波高和平均波周期变化过程；由计算结果可知，HydroMPM2D＿SWAN 计算的采样点有效波高、平均波周期变化过程基本合理。

　　在模型计算效率方面：HydroMPM2D＿SWAN 模型耗时 1.17h，表明模型计算效率较高。

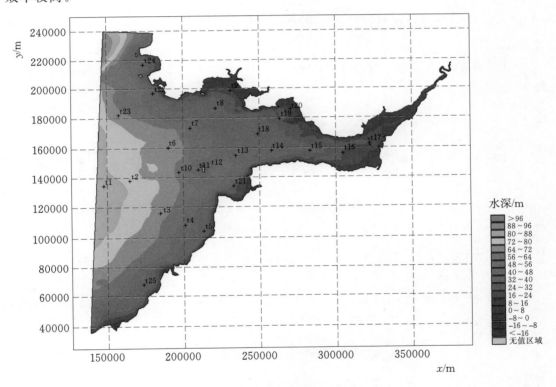

图 3.9　采样点位置和地形示意图

3.5.3　波流耦合模拟

　　水动力模型：计算域初始水位为 -1.5m，四周为固壁边界条件；海面风速、风向过程见图 3.2。采用二阶精度格式。

　　波浪模型：西边界有波浪传入（见图 3.6），其他边界为固壁边界。

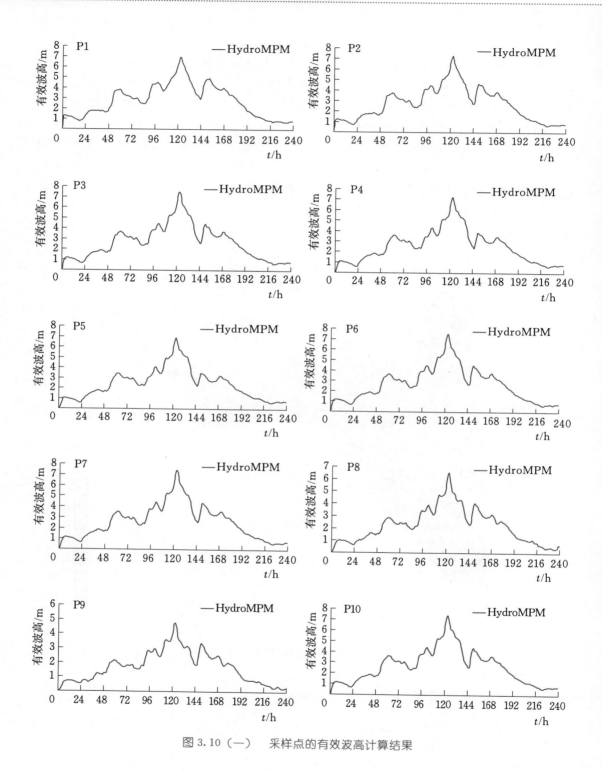

图 3.10（一）　采样点的有效波高计算结果

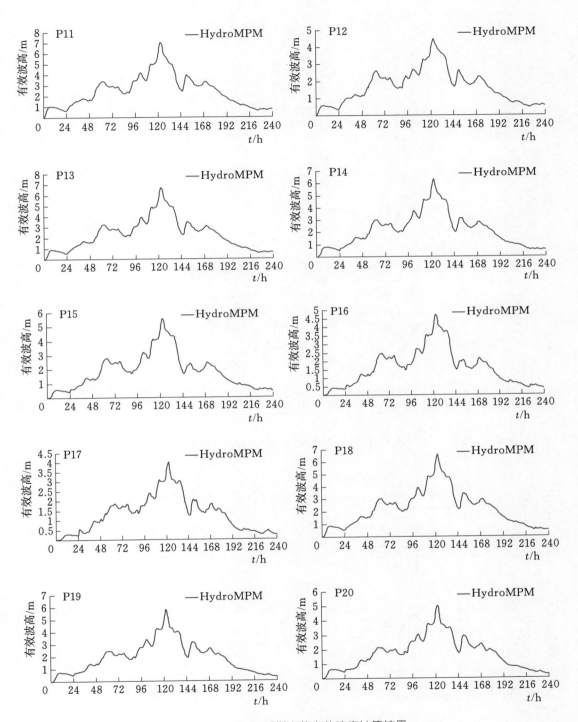

图 3.10 (二) 采样点的有效波高计算结果

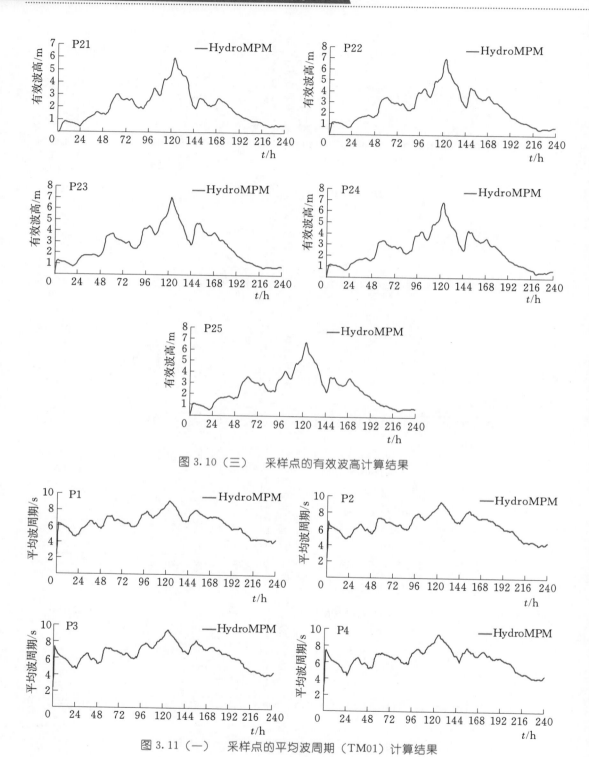

图 3.10（三）　采样点的有效波高计算结果

图 3.11（一）　采样点的平均波周期（TM01）计算结果

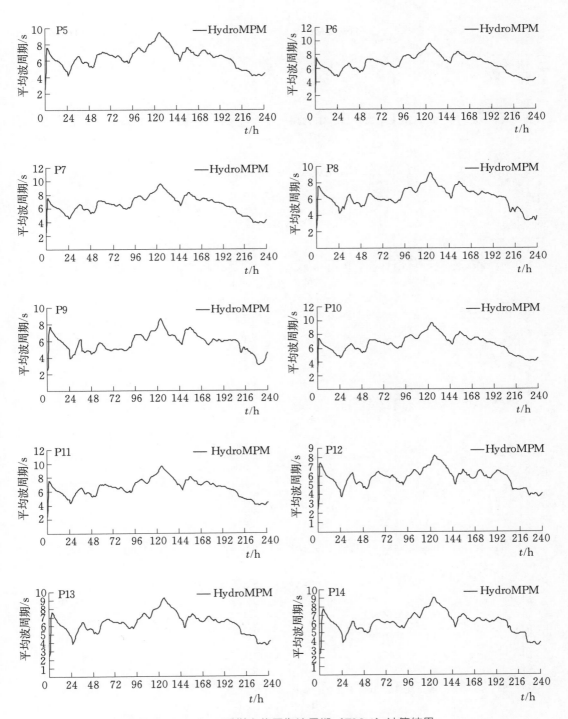

图 3.11（二） 采样点的平均波周期（TM01）计算结果

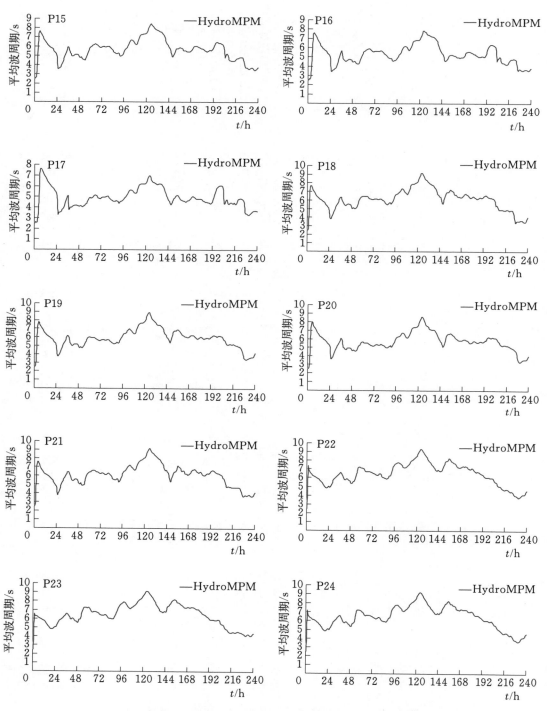

图 3.11（三）　采样点的平均波周期（TM01）计算结果

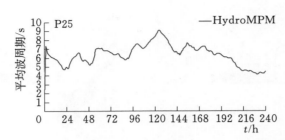

图 3.11（四）　采样点的平均波周期（TM01）计算结果

采用 HydroMPM2D_SWAN 模型计算（属于非稳态模式），考虑以下两种情况。

模拟方案 1：波流耦合模拟，考虑风应力、波浪辐射应力对水流的影响，并同时考虑波浪对底面的加糙作用。

模拟方案 2：波流耦合模拟，考虑风应力、波浪辐射应力对水流的影响，不考虑波浪对底面的加糙作用。

模拟方案的时段长度为 240h，方案 1、方案 2 的 HydroMPM2D_SWAN 计算耗时分别为 1.3h、1.2h，表明计算效率较高。

图 3.12 为第 3.5.1 节不考虑波浪的风生流模拟结果（左图）与模拟方案 1 的流速分布计算结果（右图）对比。图 3.13 为第 3.5.1 节不考虑波浪的风生流模拟结果（左图）与模拟方案 2 的流速分布计算结果（右图）对比。

由图 3.12 和图 3.13 的风生流模拟结果可知，HydroMPM2D_SWAN 合理计算了表面风应力对水流运动的影响。图 3.13 的结果对比表明，$t=96\text{—}168\text{h}$ 期间风速较大、波浪能量较强，模拟方案 2 的沿岸流速显著大于不考虑波浪的风生流模拟结果，表明 HydroMPM2D_SWAN 合理计算了波浪辐射应力对沿岸流的影响。图 3.12 的结果对比表明，同时考虑波浪辐射应力对水流的影响和波浪对底面的加糙作用后，模拟方案 1 的沿岸流速整体上小于不考虑波浪的风生流模拟结果，表明对于沿岸流而言，HydroMPM2D_SWAN 的波浪对底面加糙作用要大于波浪辐射应力作用，导致沿岸流速偏小。图 3.12 表明 HydroMPM2D_SWAN 在处理波浪对底面的加糙作用方面可能存在不足，即计算加糙作用时偏大。由于目前在学术界、工程界均尚未有效解决这一问题，HydroMPM2D_SWAN 在程序上通过开关设置的方式，让用户设置是否考虑波浪对底面的加糙作用。

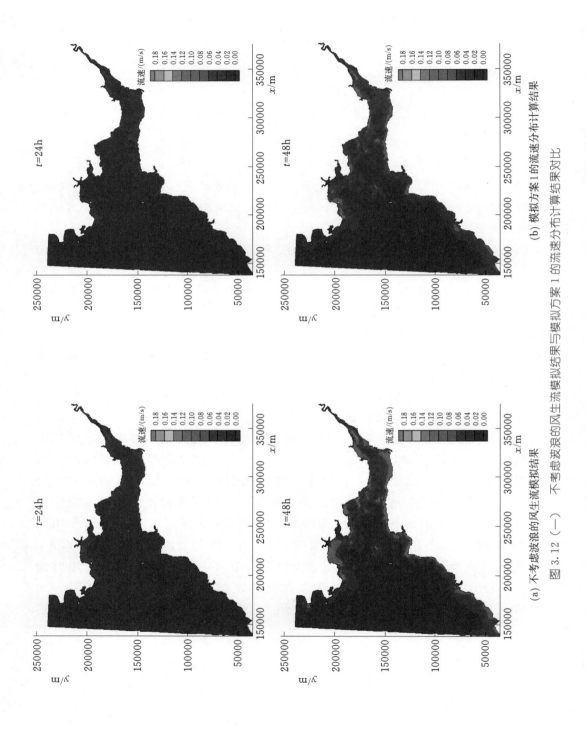

(a) 不考虑波浪的风生流模拟结果

(b) 模拟方案 1 的流速分布计算结果

图 3.12 (一)　不考虑波浪的风生流模拟结果与模拟方案 1 的流速分布结果对比

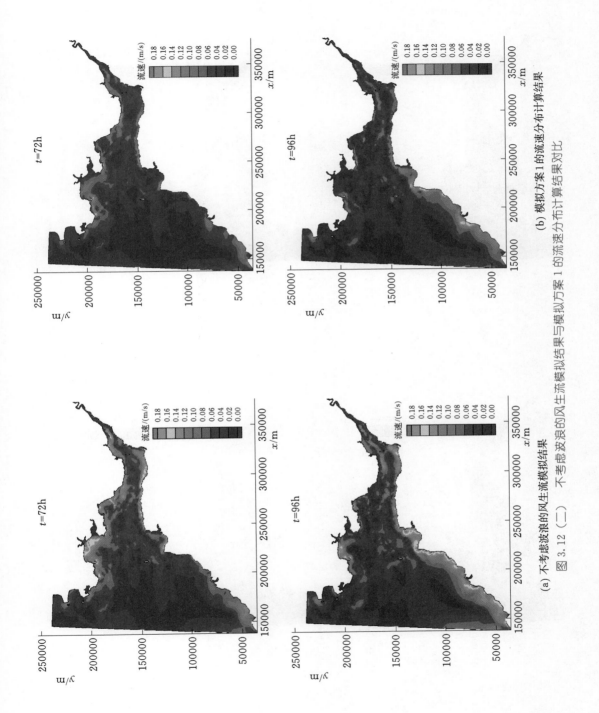

(a) 不考虑波浪的风生流模拟结果

(b) 模拟方案 1 的流速分布计算结果

图 3.12 (二)　不考虑波浪的风生流模拟结果与模拟方案 1 的流速分布计算结果对比

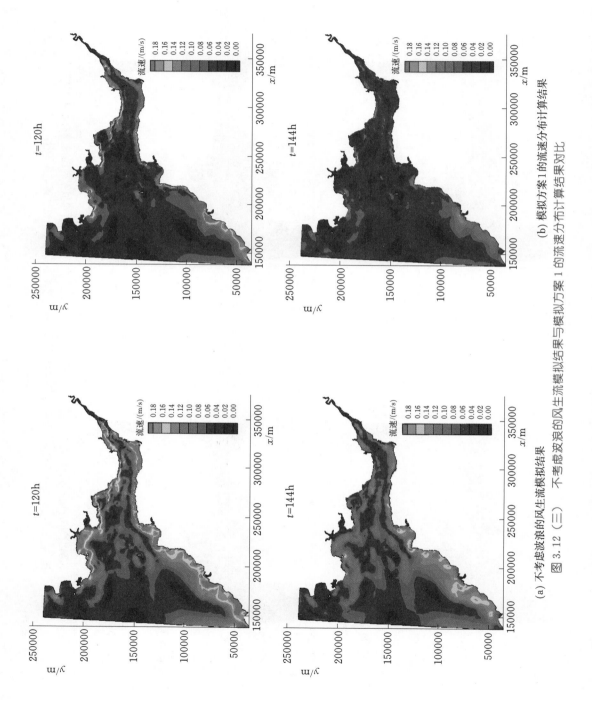

(a) 不考虑波浪的风生流模拟结果

(b) 模拟方案 1 的流速分布计算结果

图 3.12 (三) 不考虑波浪的风生流模拟结果与模拟方案 1 的流速分布计算结果对比

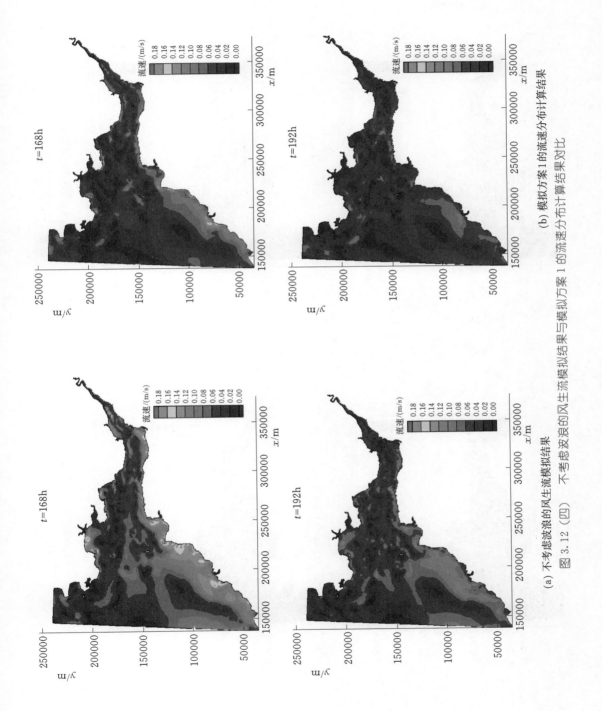

(a) 不考虑波浪的风生流模拟结果

(b) 模拟方案 1 的流速分布计算结果

图 3.12 (四)　不考虑波浪的风生流模拟结果与模拟方案 1 的流速分布计算结果对比

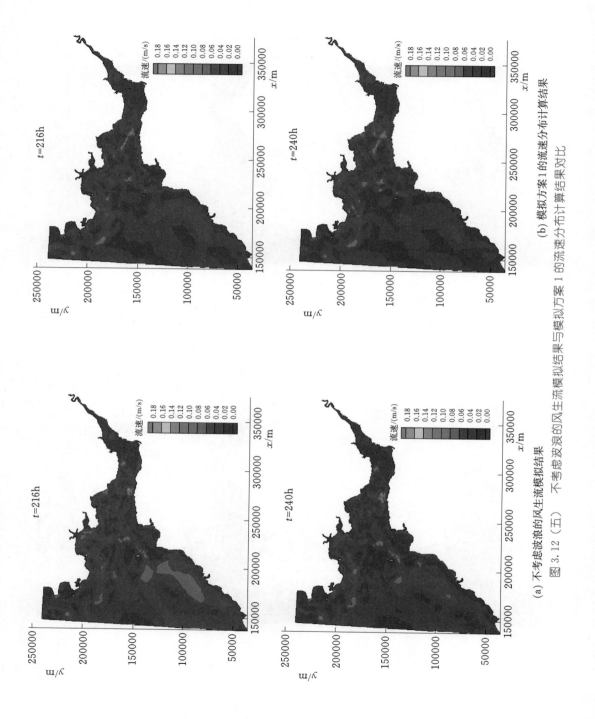

（a）不考虑波浪的风生流模拟结果

（b）模拟方案 1 的流速分布计算结果

图 3.12（五）　不考虑波浪的风生流模拟结果与模拟方案 1 的流速分布结果对比

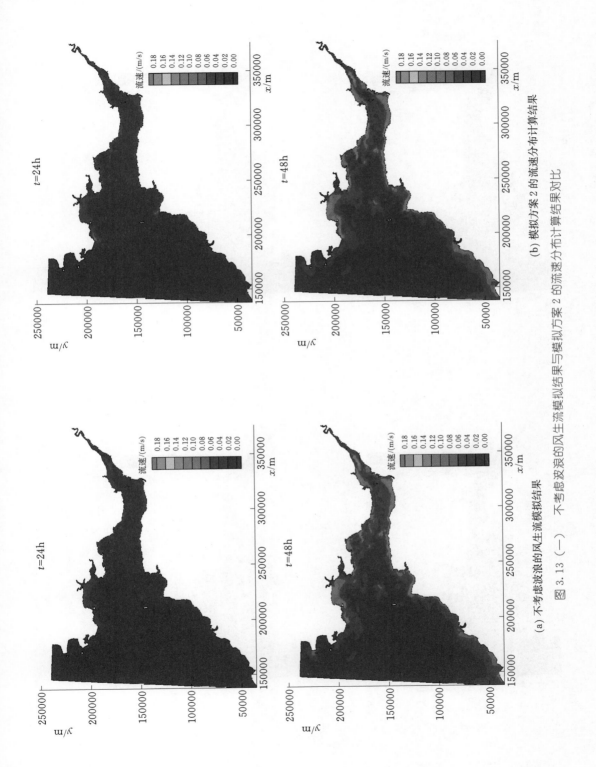

(a) 不考虑波浪的风生流模拟结果

(b) 模拟方案 2 的流速分布计算结果

图 3.13 (一)　不考虑波浪的风生流模拟结果与模拟方案 2 的流速分布计算结果对比

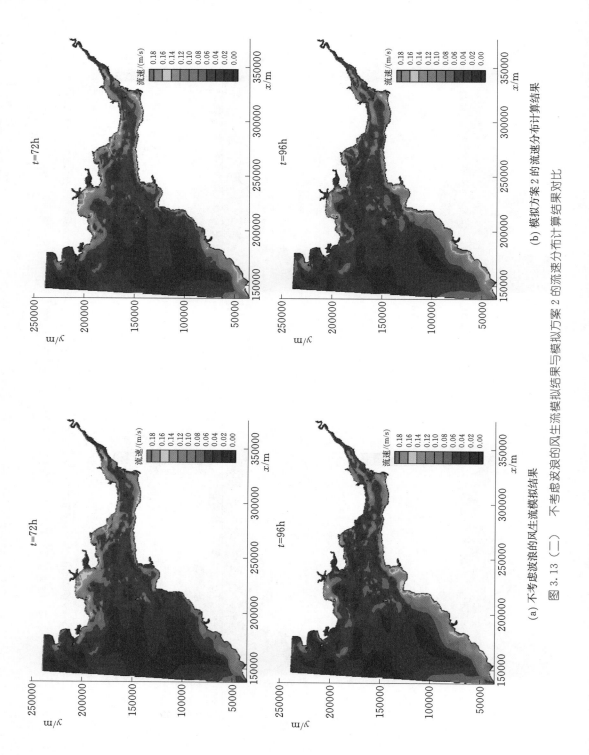

(a) 不考虑波浪的风生流模拟结果

(b) 模拟方案 2 的流速分布计算结果

图 3.13 （二）　不考虑波浪的风生流模拟结果与模拟方案 2 的流速分布计算结果对比

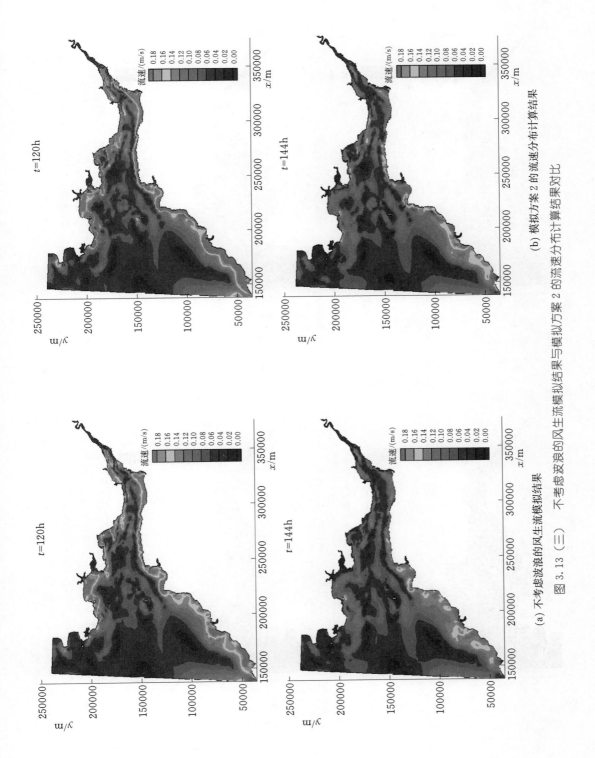

(a) 不考虑波浪的风生流模拟结果

(b) 模拟方案 2 的流速分布计算结果

图 3.13 （三）　不考虑波浪的风生流模拟结果与模拟方案 2 的流速分布计算结果对比

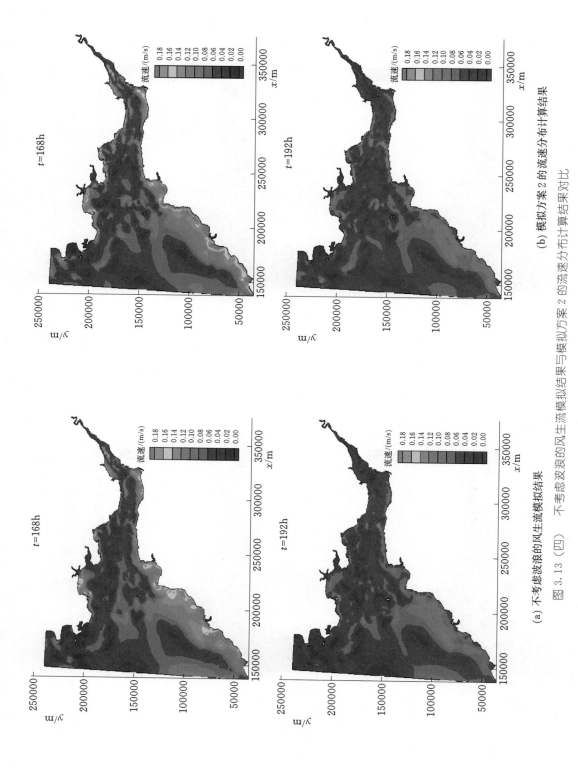

(a) 不考虑波浪的风生流模拟结果

(b) 模拟方案 2 的流速分布计算结果

图 3.13（四）　不考虑波浪的风生流模拟结果与模拟方案 2 的流速分布计算结果对比

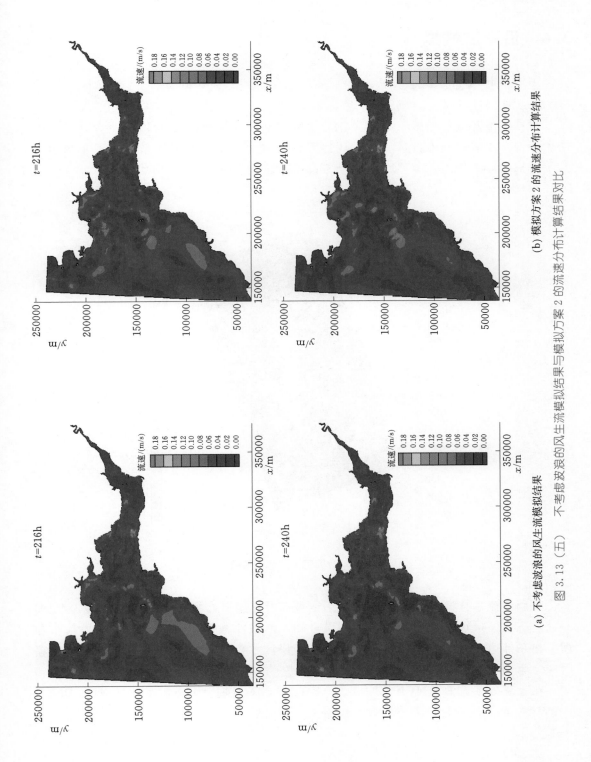

(a) 不考虑波浪的风生流模拟结果

(b) 模拟方案 2 的流速分布计算结果

图 3.13 (五) 不考虑波浪的风生流模拟结果与模拟方案 2 的流速分布计算结果对比

3.6　沿岸流模拟

为进一步验证 HydroMPM2D＿SWAN 在沿岸流模拟方面的可靠性，选取 Harbour 算例进行对比验证。

计算范围及地形见图 3.14。采用三角网格剖分计算域，共计 4378 个单元。为了简化分析，水流模型中将计算域四周边界均设置为固壁，波浪模型中考虑东部边界一个恒定的波浪传入，即平均波高为 2m、波周期为 10s、波向为 90°。

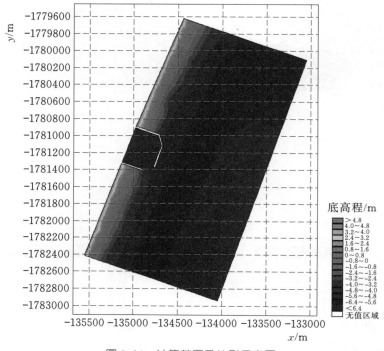

图 3.14　计算范围及地形示意图

采用波流耦合模式进行计算，5h 后的波高及流速分布模拟结果分别见图 3.15 和 3.16，流速矢量场对比见图 3.17。结果可知，波浪要素及流速分布模拟结果基本合理。在东部边界波浪传入的作用下，由于近岸区水深变浅导致波浪破碎，在波浪辐射应力驱动下形成沿岸流。

在计算效率方面，HydroMPM2D＿SWAN 计算耗时 0.03h，表明 HydroMPM2D＿SWAN 在波流耦合计算方面效率较高。

图 3.15 波高分布计算结果

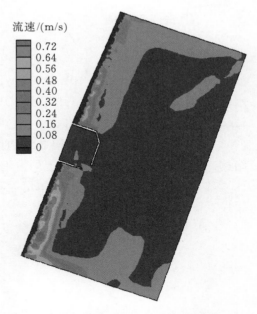

图 3.16 流速分布计算结果

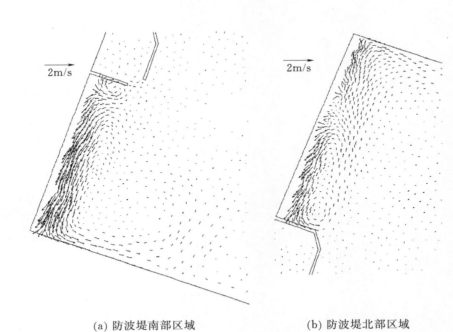

(a) 防波堤南部区域　　　　　　　(b) 防波堤北部区域

图 3.17 沿岸流速矢量场计算结果

3.7　小结

本章采用 SWAN41.10 源代码实现基于三角形网格的二维波浪数学模型，并针对波流耦合问题，修改部分 SWAN 代码，实现非结构三角形、四边形混合网格上二维水流数学模型 HydroMPM2D_FLOW 与 SWAN 模型耦合。二维波浪数学模型 HydroMPM2D_SWAN 具有如下特色与创新：

（1）突破了原 SWAN 代码非结构计算模式仅适用三角形网格的局限，实现了非结构三角形、四边形混合网格上的波浪计算。

（2）考虑了水流-波浪相互作用，实现了波流耦合计算，为沿岸流模拟提供技术手段。

（3）实现了波浪非稳态计算模式下的波流耦合计算，且计算效率较高。

第 4 章

HydroMPM2D ＿ AD 数学模型
原理及应用

 盐度、泥沙、污染物等物质输运过程均以对流-扩散方程为基础。因此，本章针对一般物质组分，考虑对流、扩散、降解等过程，建立二维对流-扩散数学模型 HydroMPM2D ＿ AD，为盐度数学模型、水质水生态数学模型、泥沙数学模型提供基础。

 HydroMPM2D ＿ AD 二维对流-扩散数学模型主要用于模拟盐度、含沙量、污染物浓度等物质组分的对流-扩散-降解过程。

4.1 对流-扩散方程

 守恒形式的对流-扩散方程为

$$\frac{\partial (hc)}{\partial t} + \frac{\partial (huc)}{\partial x} + \frac{\partial (hvc)}{\partial y} = \frac{\partial}{\partial x}\left(D_x h \frac{\partial c}{\partial x}\right) + \frac{\partial}{\partial y}\left(D_y h \frac{\partial c}{\partial y}\right) - khc + q_{in}c_{in} \quad (4.1)$$

式中：c 为一般物质组分的垂线平均浓度；D_x 和 D_y 分别为 x、y 方向的物质扩散系数；k 为降解系数；q_{in} 和 c_{in} 为点源的流量和物质浓度。其他变量定义见水流模型。

4.2 数值计算方法

 采用显式格式，即对流-扩散方程与水动力方程同步求解。

4.2.1 预测步

 预测步的结果将作为校正步中变量重构所使用的单元中心值，以保证计算格式的时间二阶精度。若单元为干单元，则将当前时刻的浓度值作为预测步的结果；否则，采用基于原始变量的控制方程，物质浓度预测步按式（4.2）计算：

$$c_i^{t+\Delta t/2} = c_i^t - \frac{\Delta t}{2}(u\overline{\partial_x c} + v\overline{\partial_y c})\Big|_i^t \quad (4.2)$$

式中：$\overline{\partial_x}$ 和 $\overline{\partial_y}$ 分别为 x 和 y 方向的限制斜率；Δt 为计算时间步长，与水动力模型的

计算时间步长一致。

4.2.2 校正步

在校正步，物质浓度由 t 时刻更新至 $t+\Delta t$ 时刻。基于守恒形式物质输运控制方程，由式（4.3）对单元平均守恒向量进行更新：

$$c_i^{t+\Delta t} = c_i^t + \frac{\Delta t}{\Omega_i}\Big[-\sum_{k=1}^{m}(F_{i,k}^{\mathrm{adv}} + F_{i,k}^{\mathrm{dif}})l_{i,k} + S_i\Big]^{t+\Delta t/2} \tag{4.3}$$

式中：下标 i 和 k 分别为网格编号和单元边编号；Ω 为单元面积；l 为边的长度；F^{adv} 为对流通量；F^{dif} 为扩散通量；S_i 为源项近似。模型采用显式格式计算源汇项与衰减项。在更新物质浓度时，若单元水深小于一定阈值（一般取 10^{-6} m），则浓度置为 0。

基于水流控制方程的质量通量 F^1，采用迎风格式计算物质对流通量：

$$F^{\mathrm{adv}} = \begin{cases} F^1 c_{\mathrm{L}}, & F^1 \geqslant 0 \\ F^1 c_{\mathrm{R}}, & F^1 < 0 \end{cases} \tag{4.4}$$

式中：$F^1 > 0$ 表示水流从界面左单元流向右单元，反之表示水流从界面右单元流向左单元；c_{L} 为左单元的物质浓度；c_{R} 为右单元的物质浓度。

利用散度定理，物质扩散通量可表达为

$$F^{\mathrm{diff}} = 0.5(h_{\mathrm{L}} + h_{\mathrm{R}})(D_x \partial_x c + D_y \partial_y c) \tag{4.5}$$

式中：h_{L} 和 h_{R} 分别为基于界面左、右侧单元的水深重构值；∂_x 和 ∂_y 分别为变量在 x 和 y 方向的原始梯度。

4.3 模型验证

4.3.1 均匀浓度的溃坝水流–输运模拟

本算例用于验证模型的计算精度，以及动边界处理的有效性。计算域为 $75\mathrm{m} \times 30\mathrm{m}$，大坝位于 $x = 16\mathrm{m}$，忽略大坝厚度。糙率 $n = 0.018$。采用固壁边界条件。大坝下游有三个驼峰，底高程为

$$\begin{aligned} b(x,y) = \max[&0, 1 - 0.125\sqrt{(x-30)^2 + (y-6)^2}, \\ &1 - 0.125\sqrt{(x-30)^2 + (y-24)^2}, \\ &3 - 0.3\sqrt{(x-47.5)^2 + (y-15)^2}] \end{aligned}$$

大坝上游初始水位为 1.875m，物质浓度为 1mg/L，流速为 0；下游为干底河床。不考虑物质降解。扩散系数取 $D_x = D_y = 0.5\mathrm{m}^2/\mathrm{s}$。$t = 0$ 时大坝瞬时全溃。由于初始条件为均匀浓度水体，因此，计算至任意时刻，水体的物质浓度应保持不变。

初始条件及不同时刻（$t = 0\mathrm{s}$、$6\mathrm{s}$、$30\mathrm{s}$）的流速场、物质浓度计算结果见图 4.1。

由计算结果可知，整个水体的物质浓度均保持为 $1mg/L$，表明模型计算准确。

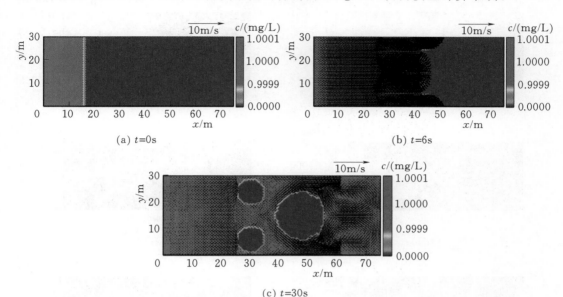

图 4.1 均匀浓度的溃坝水流-输运模拟结果

4.3.2 非均匀浓度的溃坝水流-输运模拟

初始水体物质浓度为：如果 $x<8m$，则浓度为 $1mg/L$；否则，浓度为 0。其他计算条件与 4.3.1 节相同。不同时刻（$t=0s$、4s、10s、14s、20s、30s）的流速场、物质浓度计算结果如图 4.2 所示。

由于初始水体中，$x<8m$ 区域水体物质浓度为 $1mg/L$，$8m<x<16m$ 区域为清水，因此，在水流运动过程中，浓度高的水体将被稀释，导致浓度降低。同时，由于地形和初始条件均关于直线 $y=15m$ 对称，因此，任意时刻的计算结果应保持该对称性。由图 4.2 可知，随着水体流动，物质在对流-扩散作用下形成了输运过程，模拟结果具有较好的对称性，符合水流运动及物质输运规律。

4.3.3 静水条件下的物质扩散模拟

本算例为验证物质扩散项处理的合理性。初始条件为：计算域的水位为 $1.875m$，流速为 0；在 $[10m，16m]×[12m，18m]$ 的区域内，物质浓度为 $1mg/L$，其他区域的物质浓度为 0。其他计算条件与 4.3.1 节相同。不同时刻（$t=0s$、10s、30s）的流速场、物质浓度计算结果见图 4.3。

由图 4.3 可知，整个计算过程中，流速保持为 0，表明模型具有很好的和谐性，没有出现虚假流动。此外，随着时间的增长，物质由浓度高的水体逐步向浓度低的水体扩散。

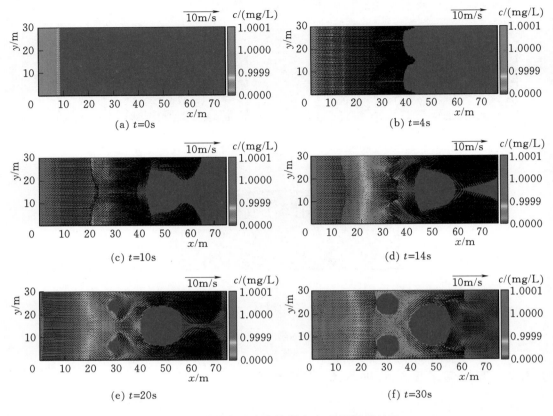

图 4.2　非均匀浓度的溃坝水流–输运模拟结果

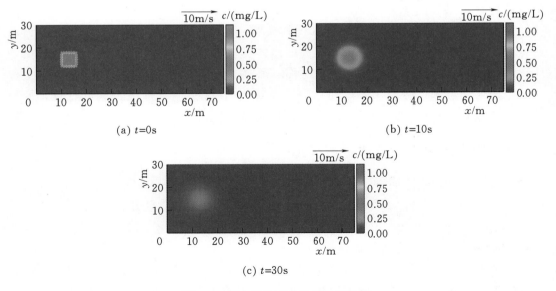

图 4.3　静水条件下的物质扩散模拟

4.3.4　均匀流场中高斯分布型浓度峰的输运问题

本算例为高斯分布型浓度峰的输运问题。计算域为 $[0\leqslant x\leqslant12800\text{m}，0\leqslant y\leqslant$ $1000\text{m}]$。流速为常速 $u_0=0.5\text{m/s}$。初始浓度分布为 $c(x,y,0)=\text{e}^{[-(x-2000)^2/(2\sigma_0^2)]}$，其中 σ_0 为高斯分布的标准差，取 264m。任意时刻浓度分布的解析解为 $c(x,y,t)=\sigma_0/\sigma\cdot$ $\text{e}^{[-(x-x')^2/(2\sigma^2)]}$，其中 $\sigma^2=\sigma_0^2+2Dt$，$x'=2000+\int_0^t u(\tau)\text{d}\tau$。

分别按 10m、50m 长度控制进行三角形网格剖分，相应的网格数量为 296694、12056。在两套网格上，分别模拟了扩散系数为 $0\text{m}^2/\text{s}$、$2\text{m}^2/\text{s}$、$50\text{m}^2/\text{s}$ 条件下浓度峰输运过程，$t=9600\text{s}$ 时计算结果与解析解的对比如图 4.4 所示。其中，粗尺度网格（DX=50m）的计算时间步长由 CFL=0.8 控制。细尺度网格（DX=10m）在扩散系数为 $0\text{m}^2/\text{s}$、$2\text{m}^2/\text{s}$ 时，计算时间步长由 CFL=0.8 控制；而扩散系数为 $50\text{m}^2/\text{s}$ 时，若计算时间步长由 CFL=0.8 控制则浓度计算发散，经调试取 CFL=0.4。

由图 4.4 可知，随着扩散系数的增大，浓度峰值降低，分布宽度增加，浓度峰越来越平坦。对流占优情况下（$D=0\text{m}^2/\text{s}$、$2\text{m}^2/\text{s}$），细尺度网格上模型计算精度要优于粗尺度网格，且两套网格上 $D=2\text{m}^2/\text{s}$ 时的浓度峰值误差要显著小于 $D=0\text{m}^2/\text{s}$ 时。在扩散占优（$D=50\text{m}^2/\text{s}$）情况下，两套网格的数值解与解析解均拟合较好。

粗尺度网格上，扩散系数为 $0\text{m}^2/\text{s}$、$2\text{m}^2/\text{s}$、$50\text{m}^2/\text{s}$ 时，计算耗时为 30s 左右。细尺度网格上，扩散系数为 $0\text{m}^2/\text{s}$、$2\text{m}^2/\text{s}$ 时（CFL=0.8），计算耗时为 1.0h 左右；扩散系数为 $50\text{m}^2/\text{s}$ 时（CFL=0.4），计算耗时为 1.5h 左右。

本算例在一定程度上表明，采用水流-物质输运同步计算模式下，若时间步长由 CFL 控制，则在细尺度网格上，较大的扩散系数可能导致浓度计算发散。因此，HydroMPM2D_AD 模型将根据网格尺度和水动力状态，对扩散系数进行适当的限制，以保证浓度计算稳定。

4.3.5　非稳定流场中浓度峰的输运问题

为检验模型在非稳定流条件下的适应性，把第 4.3.4 节的常速改为非恒定流速，其他计算条件保持不变。流速为：$u(t)=0.25\pi\sin(\pi t/9600)$。

图 4.5（a）为扩散系数取 $0\text{m}^2/\text{s}$ 时，$t=9600\text{s}$ 的浓度分布计算结果与解析解对比；图 4.5（c）为扩散系数取 $0\text{m}^2/\text{s}$ 时，浓度峰值位置随时间变化的结果对比；图 4.5（d）为不同扩散系数条件下（$D=0\text{m}^2/\text{s}$、$2\text{m}^2/\text{s}$、$50\text{m}^2/\text{s}$），浓度峰值随时间变化的对比。图 4.5 表明，模型计算结果与解析解较为接近。$D=0\text{m}^2/\text{s}$ 时，浓度峰值与解析解误差较大，但仍在可接受范围内，该误差是由数值格式内在耗散性引起的。随着扩散系数增大，浓度峰值计算结果越来越接近解析解。

4.3.6　河道污染物输运模拟

研究区域位于广州市番禺区，主要包括市桥水道、屏山河、龙湾河、紫坭河、沙

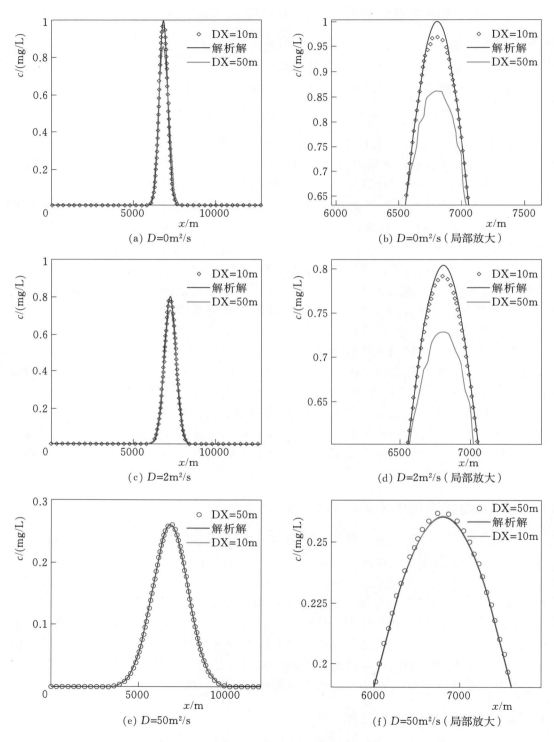

图 4.4　不同扩散系数下，均匀流场中浓度峰输运模拟结果对比

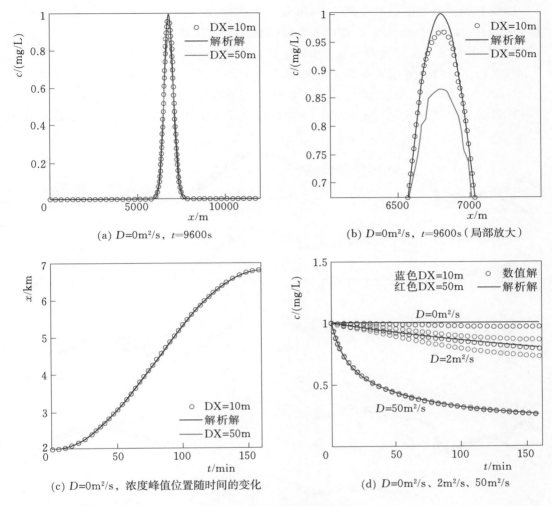

(a) $D=0\mathrm{m}^2/\mathrm{s}$，$t=9600\mathrm{s}$

(b) $D=0\mathrm{m}^2/\mathrm{s}$，$t=9600\mathrm{s}$（局部放大）

(c) $D=0\mathrm{m}^2/\mathrm{s}$，浓度峰值位置随时间的变化

(d) $D=0\mathrm{m}^2/\mathrm{s}$、$2\mathrm{m}^2/\mathrm{s}$、$50\mathrm{m}^2/\mathrm{s}$

图 4.5　模拟结果与解析解对比

湾水道，如图 4.6 所示。

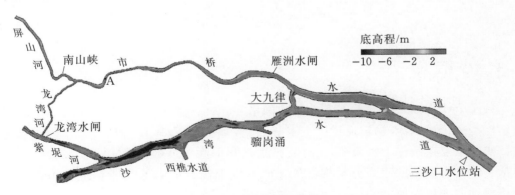

图 4.6　研究区域示意图

模型上边界取至南山峡上游 4.3km 处、紫坭河及沙湾水道入口；下边界取至三沙口水位站下游 1.4km 处、西樵水道及骝岗涌上游分汊处。共 60234 个三角形网格。假设 $t=0$ 时 A 处（位置见图 4.6）开始排污，强度为 $2m^3/s$，浓度为 $10mg/L$。模拟了 10h 内的污染物输运过程。典型时刻污染物浓度分布结果对比见图 4.7。由结果可知，HydroMPM2D_AD 计算结果合理反映了污染物在河道中的输运过程。

计算效率方面，HydroMPM2D_AD 计算耗时 0.83h，表明模型计算效率较高。

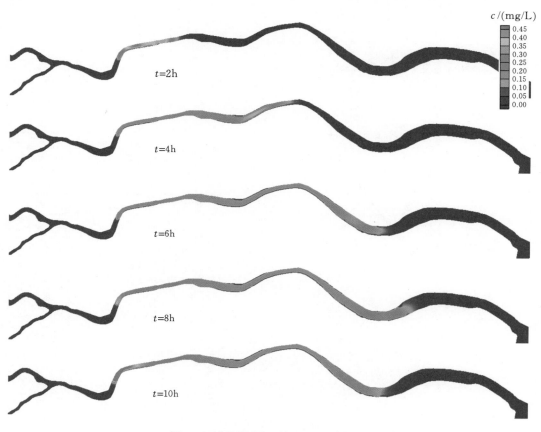

图 4.7　典型时刻污染物浓度分布结果

4.4　小结

HydroMPM2D_AD 为基于非结构网格 Godunov 型有限体积法的二维对流-扩散数学模型，采用水流-输运通量同步求解方法，结合 MUSCL-Hancock 预测-校正格式，实现了复杂条件下水流-物质对流扩散过程的高精度数值模拟。模型特色与创新包括：①具有高精度和高分辨率性质，能有效抑制数值阻尼及非物理振荡；②具有严格的物质守恒性质。

第 5 章

HydroMPM2D _ ECOLOGY 数学模型原理及应用

在二维水流-污染物对流扩散数学模型基础上，结合 WASP（Water Quality Analysis Simulation Program）富营养化模型原理，考虑溶解氧、氨氮、硝酸盐氮、有机氮、无机磷、有机磷、碳生化需氧量、叶绿素 a 等 8 个水质变量及其相互作用的溶解氧平衡子系统、氮循环子系统、磷循环子系统和浮游植物动力学子系统，建立了 HydroMPM2D _ ECOLOGY 二维水生态多过程耦合数学模型。

5.1 水流-水质-底泥耦合模型

针对复杂水动力及其伴随物质输移扩散模拟，提出了集成输运对流项的水流-输运通量耦合求解器，建立了基于非结构网格 Godunov 格式的二维水流-水质-底泥耦合数学模型。采用具有时空二阶精度的 MUSCL - Hancock 预测-校正格式，结合变量重构限制器技术，在保证计算精度的同时避免了数值振荡。算例研究表明，模型计算精度高，可有效模拟水流运动及污染物输运过程，具有较好的推广应用价值。

5.1.1 对流-扩散方程

二维污染物对流-扩散方程的守恒形式为

$$\frac{\partial \boldsymbol{U}}{\partial t} + \frac{\partial \boldsymbol{E}}{\partial x} + \frac{\partial \boldsymbol{G}}{\partial y} = \boldsymbol{S} \tag{5.1}$$

其中，

$$\boldsymbol{U} = \begin{bmatrix} h \\ hu \\ hv \\ hc \end{bmatrix}; \quad \boldsymbol{E} = \begin{bmatrix} hu \\ hu^2 + g(h^2 - b^2)/2 \\ huv \\ huc \end{bmatrix}; \quad \boldsymbol{G} = \begin{bmatrix} hv \\ huv \\ hv^2 + g(h^2 - b^2)/2 \\ hvc \end{bmatrix};$$

$$S = \begin{bmatrix} q_{in} \\ g(h+b)S_{0x} - ghS_{fx} \\ g(h+b)S_{0y} - ghS_{fy} \\ \dfrac{\partial}{\partial x}\left(D_x h \dfrac{\partial c}{\partial x}\right) + \dfrac{\partial}{\partial y}\left(D_y h \dfrac{\partial c}{\partial y}\right) - khc + q_{in}c_{in} \end{bmatrix}$$

式中：U 为守恒向量；E 和 G 分别为 x 和 y 方向的通量向量；S 为源项；S_{0x} 和 S_{0y} 分别为 x 和 y 方向的底坡，其表达式分别为 $S_{0x} = -\partial b/\partial x$ 和 $S_{0y} = -\partial b/\partial y$；$S_{fx}$ 和 S_{fy} 分别为 x 和 y 方向的摩阻坡降，其表达式分别为 $S_{fx} = n^2 u(u^2 + v^2)^{1/2}h^{-4/3}$ 和 $S_{fy} = n^2 v(u^2 + v^2)^{1/2}h^{-4/3}$；$h$ 为水深；u 和 v 分别为 x 和 y 方向的垂线平均流速；c 为物质的垂线平均浓度；b 为河底高程；n 为糙率；q_{in} 为点源的流量强度；c_{in} 为点源的物质垂线平均浓度；D_x 和 D_y 分别为 x 和 y 方向的扩散系数；k 为降解系数；t 为时间；g 为重力加速度。

5.1.2 底泥耗氧和释放概化

底泥一般系指河涌湖库的沉积物，是天然水域的重要组成部分。它不仅是底栖生物的栖息之地，也是水体中细菌活动的主要场所，在吸附、累积和分解、同化污染物方面起着十分重要的作用。当底泥污染较为严重时，污染底泥对上覆水体水质的影响较大，其释放规律较为复杂。底泥对上覆水体水质的影响主要体现在：底泥耗氧、底泥污染物释放。

5.1.2.1 底泥耗氧

底泥耗氧，尤其是有机沉积物耗氧（Sediment Oxygen Demand，SOD）对水体 DO 的影响，自 1925 年第一个水质模型问世以来就为学者们所重视。底泥中有机物质的降解对其上覆水体 DO 的浓度有很大的影响。底泥中有机物的降解会引起底泥-水体界面 DO 浓度的减小。因此，底泥的有机物质是其上覆水体重要的耗氧源。Streeter 于 1931 年报道了美国伊利若斯河底泥耗氧占总耗氧量的 40%；Baity（1938）、Fair 等（1941）研究了不同底泥厚度和温度条件下的底泥耗氧。据文献报道，大部分河流的 SOD 在 $0.1 \sim 22\mathrm{gO_2/(m^2 \cdot d)}$ 范围内。

1. 底泥耗氧机理

根据目前大多数研究成果，通常认为底泥消耗的氧分为两部分：第一部分是上覆水体扩散到水底沉积物中的溶解氧被消耗，其中包括底泥中还原性物质的化学耗氧和栖息在表层底泥的好氧微生物及无脊椎动物的呼吸耗氧；第二部分是底泥中的还原态物质扩散到上覆水体中被氧化的化学耗氧。从目前国外资料对 SOD 的定义来看，对于底泥内部包括生物和化学物质的这部分耗氧均无疑义，但是对于扩散进入上覆水体的物质引起的耗氧行为的定义较模糊。

沉积在底泥内的有机物是底泥耗氧的根源，底泥消耗的氧都源于有机物的矿化。表层有机物在微生物呼吸作用下降解，产生呼吸耗氧；兼氧层、厌氧层有机物与底泥内的氧化物反应，生成各种还原性物质，这些物质既产生化学耗氧又产生呼吸耗氧。

有机物首先被最强的氧化剂氧化，该氧化剂消耗完后，氧化过程由下一种最有效的氧化剂来推进。有机物经过矿化，最终产生了甲烷、硫化物、氨、氮和还原性金属离子，这些物质正是底泥耗氧的因素。

2. 模型概化

为了计算底泥耗氧对水体 DO 的影响，HydroMPM 采用描述性输入的方法对底泥耗氧进行概化，即底泥耗氧作用于由水流单元体组成的网格，与底层有联系的水流单元体必须指定观测的底泥需氧通量。水温的季节性变化可以通过温度系数影响 SOD。

底泥耗氧的计算公式为

$$S_1 = -\frac{\text{SOD}}{H}\theta_{\text{SOD}}^{(T-20)}$$

式中：S_1 为源项，即式（5.1）中对应水质变量 DO 的源项之一；SOD 为底泥耗氧速率，$g/(m^2 \cdot d)$；θ_{SOD} 为 SOD 的温度调整系数，一般取 1.08；T 为水温。

SOD 与底泥的厚度、有机污染物、微生物等因素有关，在实际工程项目中，需要通过实验数据分析，确定目标水域底泥的 SOD。

3. 实验方法

实验室测定法与现场测定法最大的区别在于对采集底泥样品的要求不同，实验室测定法必须确保在采集底泥的过程中，底泥受到的扰动最小，否则将导致测定结果不可靠，泥样采集方法可分为柱状采样器采集和挖泥机采集 2 种，而柱状采样器对底泥的扰动小，所以在目前研究中使用广泛。柱状采样器的内径为 5～15cm，材质多为塑料或铝质，采样器杆一般是可伸缩型，最大长度为 1～7m，可以在岸边或船上采样，也有人工潜入水底采样的情况。采集的泥柱样的长度一般为 5～20cm，略大于相应实验测定所需的泥柱长度。从采样完毕到送至实验室的时间间隔应不大于 6h。

实验室测定 SOD 的原理及实验方法和现场测定方法相似，即取一定表面积的底泥，封闭在测定容器内，上覆已知体积含有充分溶解氧的水，通过测定容器内溶解氧随时间的浓度变化（续批式）或测定容器进出水的 DO 差（连续式），来计算水体 SOD。实验室测定法是在实验室中进行。在一定的温度（一般 20℃）条件下，测定样本上水体的溶解氧浓度。测定 SOD 的容器目前尚无统一的规格，但都以尽量模拟水体自然条件，简化实验设备为基本原则，同时要求有较高的密闭性，以防止外界氧气自由进入实验水体引起测定误差。

5.1.2.2 底泥污染物释放

在各种因素作用下，水体中的污染物会进入到底泥中，从而减轻水体的污染。同样，当水体的外源污染物排放得到控制后，底泥中的污染物释放也可能会引起上覆水的再次污染。因此，研究污染物在上覆水和底泥之间的迁移对水环境的影响非常重要。

1. 沉积物氮释放机理

氮在沉积物–水界面间的迁移和交换是一个十分复杂的生物化学过程。硝化和反硝化作用是沉积物–水界面氮迁移和交换的主要形式。污染物在底泥–上覆水界面上的交换是由底泥表面上覆水和孔隙水中的浓度差所控制的。在理论研究方面，Portielje 等基于扩散理论提出了确定污染物在底泥与水体间交换的方法。该方法考虑了污染物随流体流动的输运，将上覆水与底泥之间的污染物交换量表示为

$$F = -U_{dr}C_{z=0} + \varphi D_e \left(\frac{\partial C}{\partial Z} \right) \bigg|_{z=0}$$

式中：U_{dr} 为渗流速度；φ 为孔隙率；D_e 为有效扩散系数；C 为污染物浓度。该方法的关键是确定渗流速度及底泥–上覆水界面上的浓度梯度，因为底泥–上覆水界面形态粗糙或者其他不规则性都会引起底泥–上覆水界面压力变化，诱导孔隙水流动。

2. 模型概化

底泥与上覆水水体之间的物质交换过程十分复杂，常包括物质的生物循环、颗粒沉降与再悬浮、溶解态物质的吸附和解吸、沉淀与溶解等。这些物理、化学、生物过程交织在一起，增加了研究的难度。在具体的工程实践中，由于底泥孔隙水污染物浓度和水体 pH、溶解氧浓度相对比较稳定（人工曝气复氧可维持较为稳定的溶解氧浓度），为有效反映底泥污染物释放对上覆水体水质的影响，通过实验分析，得到上覆水体污染物浓度与底泥释放强度的关系曲线。假设 NH_3–N、NO_3–N 的底泥释放强度分别为 B_1、B_2，则有

$$B_1 = f(C_1)$$
$$B_2 = f(C_2)$$

式中：C_1、C_2 分别为上覆水体中 NH_3–N、NO_3–N 的浓度。在数学模型计算时，基于实验提供的数据，通过插值可以得到当前污染物浓度条件下底泥的释放强度。该释放强度作为式（5.1）中对应污染物组分方程的源项，反映了底泥污染物释放对上覆水体污染物浓度的影响。

已有文献中常见的底泥污染物释放概化方法主要包括两种：一种是根据底泥污染物情况和水体水质等级，将底泥污染物释放强度近似为一个常数；另一种是假设底泥污染物释放强度与底泥–上覆水界面上的浓度梯度成恒定的线性关系，即

$$B = k(C_b - C)$$

式中：B 为底泥释放强度，$mg/(m^2 \cdot d)$；k 为综合系数，与表层底泥孔隙率、温度、DO、pH、水深等有关，由于难以获取准确的函数表达式，常将 k 简化为一固定常数；C_b 为底泥孔隙水污染物浓度；C 为上覆水体污染物浓度。

由上述分析可知，传统方法未能考虑上覆水体污染物浓度对底泥释放强度的影响，或者将上覆水体污染物浓度对底泥释放强度的影响视为恒定的线性关系，存在一定的不足。而本模型基于实验数据分析得到上覆水体污染物浓度与底泥释放强度

的关系，充分反映了上覆水体污染物浓度对底泥释放强度的影响，可显著提高底泥污染物释放模拟的精度。

3. 实验方法

已有研究证实，众多因素将影响底泥中污染物释放，环境条件如温度、pH、溶解氧、扰动等，水体本身内在要素如底泥中污染物形态、有机质含量、底泥厚度、上覆水体污染物浓度、盐度，以及水体中存在的微生物、藻类等生物，均对底泥中污染物的释放有着不同程度的影响。城市河道重污染水体修复中上覆水营养盐如氨氮、总磷呈现动态变化，直接影响底泥释放量。由于底泥释放的影响因素众多，温度、溶解氧的变化也最终通过上覆水营养盐的变化趋势体现，因此针对治理水体得到具体条件下的底泥释放速率，提升模型预测的精度。

在治理水域使用底泥采样器采集底泥表层样品，将获得的底泥样品密封、遮光并立即运回实验室。运回样品分两部分：一部分用于理化性质测定；另一部分装柱进行培养试验。在实验前，为了避免底泥中微生物、表层溶解氧和氧化还原电位、pH 等环境因子的影响，注入充分曝气的蒸馏水静置 24h，让底泥表层耗氧状态基本一致。接着用虹吸方法吸出清水，避免对底泥表层扰动，注入待修复水体，按设计修复阶段达到的水体污染物指标稀释一系统上覆水的样品，分组设定数值模拟所需的环境因子如水温、溶解氧，得到在不同上覆水条件下，目标污染物的底泥释放速率。某治理水域的底泥释放实验成果如图 5.1 所示。

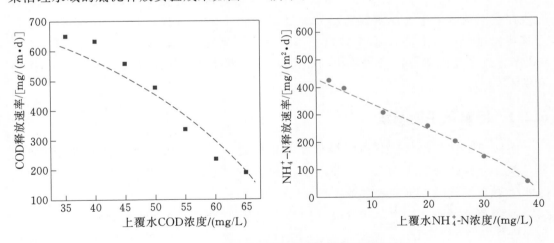

图 5.1　上覆水污染物浓度与底泥释放速率的关系

5.2　水生态数学模型

HydroMPM 水生态多过程耦合数学模型不仅包括物质输运的对流-扩散项，还包括生物、化学和物理作用引起的降解、源汇项，可模拟河流、湖库、河口、水库、海岸中多种污染物的运动与相互作用。HydroMPM 模型基于 WASP 模型原理，水质变量包括溶解氧、氨氮、硝酸盐氮、有机氮、无机磷、有机磷、碳生化需氧量、叶绿素a 和 COD，水质变量之间的相互影响和转化过程归属于 4 个相互作用的子系统：溶解氧平衡子系统、氮循环子系统、磷循环子系统和浮游植物动力学子系统。水质变量说明如表 5.1 所示。

表 5.1　　　　　　　　　水 质 变 量 说 明

变量名称	缩 写	表示符号	单 位
溶解氧	DO	C_1	mg O_2 L^{-1}
浮游植物碳	PHYT	C_2	mg C L^{-1}
碳生化需氧量	CBOD	C_3	mg O_2 L^{-1}
氨氮	$NH_3 - N$	C_4	mg N L^{-1}
硝酸盐氮	$NO_3 - N$	C_5	mg N L^{-1}
无机磷	OPO_4	C_6	mg P L^{-1}
有机氮	ON	C_7	mg N L^{-1}
有机磷	OP	C_8	mg P L^{-1}
化学需氧量	COD	C_9	mg O_2 L^{-1}

　　HydroMPM 模型主要考虑了溶解氧、氮和磷等富营养化指标在水体中的迁移转化规律，以及水体中的浮游植物动力学过程。HydroMPM 模型包括了污染物各相的迁移转化过程，其中，对流-扩散过程不涉及各污染物组分的相互作用，可参考本章5.1 节。本节重点阐述污染物各相的相互作用，即对应式（5.1）的源项（包括降解和源汇）。

5.2.1　溶解氧平衡系统

　　溶解氧是地表水水质分析中最重要的指标之一。溶解氧浓度偏低，将直接影响着鱼类生存并改变健康的水生态平衡。由于溶解氧受许多其他参数的影响，所以它是水生态系统健康评价的一个敏感指标。

　　在溶解氧平衡系统中，溶解氧（DO）、氨氮（$NH_3 - N$）、硝酸盐氮（$NO_3 - N$）、碳生化需氧量（CBOD）、浮游植物碳（PHYT）等 5 个变量发生相互作用。水体中溶解氧主要来源于大气复氧和浮游植物的光合作用；而水体溶解氧的消耗方式主要有浮游植物的呼吸、浮游植物死亡体的氧化及耗氧性污染物质的降解。

　　HydroMPM 采用 DO 非线性模型来描述溶解氧的化学反应过程：

$$\frac{\partial C_1}{\partial t} = k_{r1} \theta_{r1}^{(T-20)} (C_s - C_1) \qquad\qquad \text{大气复氧}$$

$$- k_{d1} \theta_{d1}^{(T-20)} \left(\frac{C_1 C_3}{K_{BOD} + C_1} \right) \qquad\qquad \text{CBOD 降解}$$

$$-\frac{32}{12}k_{r2}\theta_{r2}^{(T-20)}C_2 \qquad\text{浮游植物内源性呼吸}$$

$$-\frac{64}{14}k_{ni}\theta_{ni}^{(T-20)}\left(\frac{C_1 C_4}{K_{\text{NITR}}+C_1}\right) \qquad\text{硝化作用}$$

$$+G_p\left[\frac{32}{12}+\frac{48}{14}\frac{14}{12}(1-P_{\text{NH}_4})\right]C_2 \qquad\text{浮游植物生长}$$

$$-\frac{\text{SOD}}{H}\theta_{\text{SOD}}^{(T-20)} \qquad\text{底泥耗氧}$$

$$+R_b \qquad\text{人工曝气复氧}$$

式中相关参数的取值见表 5.2。

碳质物质的生化需氧量（CBOD）的反应方程为

$$\frac{\partial C_3}{\partial t}=a_{OC}(k_{par}+k_{grz})C_2 \qquad\text{浮游植物死亡}$$

$$-k_{d1}\theta_{d1}^{(T-20)}\left(\frac{C_1 C_3}{K_{\text{BOD}}+C_1}\right) \qquad\text{降解}$$

$$-\frac{w_{3s}(1-f_{D3})}{H}C_3 \qquad\text{沉降}$$

$$-\frac{5}{4}\frac{32}{14}k_{dn}\theta_{dn}^{(T-20)}\left(\frac{K_{\text{NO}_3}}{K_{\text{NO}_3}+C_1}\right)C_5 \qquad\text{反硝化}$$

式中相关参数的取值见表 5.2。

表 5.2　　　　　　　　　　水质模型参数表（溶解氧平衡系统）

参数名称	描　述	参数取值范围	单　位
k_{r1}	20℃水体的大气复氧速率	0.1～0.25	d^{-1}
θ_{r1}	k_{r1} 的温度调整系数	1.028	—
T	水体温度	用户设定	℃
C_s	饱和溶解氧浓度	公式（1）计算	mg O_2 L^{-1}
k_{d1}	20℃时 CBOD 脱氧速率（厌氧降解速率）	0.01～0.3	d^{-1}
θ_{d1}	k_{d1} 的温度调整系数	1.0～1.1	—
K_{BOD}	CBOD 半饱和常数	0.1～3.0	mg O_2 L^{-1}
k_{r2}	20℃时浮游植物内源性呼吸速率	0.01～0.2	d^{-1}
θ_{r2}	k_{r2} 的温度调整系数	1.0～1.1	—
k_{ni}	20℃时氨氮的硝化速率	0.01～0.31	d^{-1}
θ_{ni}	k_{ni} 的温度调整系数	1.0～1.1	—
K_{NITR}	硝化时氧限制半饱和浓度	0.1～3.0	mg O_2 L^{-1}

续表

参数名称	描　　述	参数取值范围	单　位
G_p	浮游植物生长率	见表 5.4	d^{-1}
P_{NH_4}	NH_4 吸收优先项	公式（2）计算	—
K_{mN}	氮摄入的半饱和浓度	0.025	$mg\ N\ L^{-1}$
SOD	20℃时的底泥耗氧速率	$0.1\sim4.0$	$g\ m^{-2}\ d^{-1}$
θ_{SOD}	SOD 的温度调整系数	$1.0\sim1.1$	—
H	单元水深	水流模型计算结果	m
a_{OC}	浮游植物的氧碳比	32/12	$mg\ O_2\ /\ mg\ C$
$k_{par}+k_{grz}$	浮游植物的非捕食性死亡速率	$0.01\sim0.2$	d^{-1}
w_{3s}	CBOD 的沉降速度	0.5	$m\ d^{-1}$
f_{D3}	溶解性 CBOD 的比例	0.5	—
k_{dn}	20℃时反硝化速率	$0.01\sim0.2$	d^{-1}
θ_{dn}	k_{dn} 的温度调整系数	$1.0\sim1.1$	—
K_{NO_3}	反硝化时氧限制半饱和浓度	$0.1\sim2$	$mg\ O_2\ L^{-1}$

注：公式（1）：$\ln C_s = -139.34 + (1.5757 \times 10^5)T_K^{-1} - (6.6423 \times 10^7)T_K^{-2}$
$\qquad\qquad\qquad + (1.2438 \times 10^{10})T_K^{-3} - (8.6219 \times 10^{11})T_K^{-4}$
$\qquad\qquad\qquad - 0.5535S(0.031929 - 19.428T_K^{-1} + 3867.3T_K^{-2})$

$\quad$公式（2）：$P_{NH_4} = \dfrac{C_4 C_5}{(K_{mN}+C_4)(K_{mN}+C_5)} + \dfrac{C_4 K_{mN}}{(C_4+C_5)(K_{mN}+C_5)}$

5.2.2　浮游植物生长系统

浮游植物的动力学过程在水体富营养化过程中起着主要的作用，它能影响到水环境中其他的状态变量。水体营养富集或富营养化是关注度较高的问题。高浓度的氮和磷导致浮游植物周期性繁茂生长和改变正常的营养平衡。溶解氧在这一过程中波动很大，在水体底泥可能出现很低的溶解氧浓度。生长速率和死亡速率（连同传输、沉降和混合）之间的平衡决定了浮游植物在水体中产生的浮游植物生物量。

浮游植物生长动力学方程可表示为

$$\frac{\partial C_2}{\partial t} = G_p C_2 \qquad \text{浮游植物生长}$$

$$- D_p C_2 \qquad \text{浮游植物死亡与内源呼吸}$$

$$- \frac{w_{2s}}{H} C_2 \qquad \text{浮游植物沉降}$$

式中相关参数的取值见表 5.3。

表 5.3 水质模型参数表（浮游植物生长系统）

参数名称	描述	参数取值范围	单位
G_p	浮游植物生长率	公式（1）计算	d^{-1}
D_p	浮游植物死亡率	公式（2）计算	d^{-1}
w_{2s}	浮游植物的沉积速度	0.5	$m\ d^{-1}$
H	单元水深	水流模型计算结果	m
k_{gr}	20℃条件下浮游植物的最佳生长速率	0.1～4.0	d^{-1}
θ_{gr}	k_{gr}的温度调整系数	1.0～1.1	—
T	水体温度	用户设定	℃
F_{RI}	光照限制因子	公式（3）计算	—
F_{RN}	营养物限制因子	公式（4）计算	—
e	自然对数的基数	2.71828	—
f	白天的日照比例（光合作用时间比）	0.3～0.7	—
K_e	消光系数	0.1～5	m^{-1}
I_a	日均表面太阳辐射（水面平均光强）	200～750	langleys d^{-1}
I_s	饱和光强度	200～500	langleys d^{-1}
K_{mN}	氮摄入的半饱和浓度	见表 5.4	mg N L^{-1}
K_{mP}	磷摄入的半饱和浓度	0.001	mg P L^{-1}
$k_{par}+k_{grz}$	浮游植物的非捕食性死亡速率	见表 5.2	d^{-1}
k_{r2}	20℃时浮游植物内源性呼吸速率	见表 5.2	d^{-1}
θ_{r2}	k_{r2}的温度调整系数	见表 5.2	—
k_{g2}	单位浮游动物量对浮游植物的抓捕速率	0.01～0.2	$L(mg\ C\ d)^{-1}$
Z	浮游动物生物量	1	mg C L^{-1}

注：公式（1）：$G_p = k_{gr}\theta_{gr}^{(T-20)}F_{RI}F_{RN}$，其中，$F_{RI}$为关照限制因子，$F_{RN}$为营养物限制因子。

公式（2）：$D_p = k_{par} + k_{grz} + k_{r2}\theta_{r2}^{(T-20)} + k_{g2}Z(t)$

公式（3）：$F_{RI} = \dfrac{ef}{K_e H}\left[\exp\left(-\dfrac{I_a}{I_s}\exp(-K_e H)\right) - \exp\left(-\dfrac{I_a}{I_s}\right)\right]$

公式（4）：$F_{RN} = \min\left(\dfrac{C_4 + C_5}{C_4 + C_5 + K_{mN}},\ \dfrac{C_6}{C_6 + K_{mP}}\right)$

5.2.3 氮循环系统

氮循环系统包括四种氮的动力学过程：浮游植物氮、有机氮、氨和硝酸盐，涉及浮游植物生长、浮游植物死亡、矿化作用、有机颗粒氮和无机氮的沉降、硝化作用、反硝化作用等过程。其中，浮游植物生长吸收氨和硝酸盐，并将其合成浮游植物生物量。吸收氮的速率是氮浓度的函数，而其浓度又与总的可利用无机氮有关。通过内源呼吸和非吞食性死亡，氮又从浮游植物生物量转化为溶解和颗粒有机氮以及氨。有机氮能矿化为氨，其矿化速率又依赖于温度，而氨也可以转化成硝酸盐，其硝化速率也依赖于温度和氧气。硝酸盐在缺氧状况下，也可转化成氮气，其反硝化速率是温度和氧气的函数。

氨氮 NH_4 的反应方程为

$$\frac{\partial C_4}{\partial t} = a_{NC} D_p (1 - f_{oN}) C_2 \qquad \text{浮游植物死亡与内源呼吸}$$

$$+ k_{m1} \theta_{m1}^{(T-20)} \left(\frac{C_2 C_7}{k_{mPc} + C_2} \right) \qquad \text{矿化}$$

$$- a_{NC} G_p P_{NH_4} C_2 \qquad \text{浮游植物生长}$$

$$- k_{ni} \theta_{ni}^{(T-20)} \left(\frac{C_1 C_4}{K_{NITR} + C_1} \right) \qquad \text{硝化}$$

$$+ B_1 / H \qquad \text{底部氨氮通量}$$

式中相关参数的取值见表 5.4。

硝酸盐氮 NO_3 的反应方程为

$$\frac{\partial C_5}{\partial t} = k_{ni} \theta_{ni}^{(T-20)} \left(\frac{C_1 C_4}{K_{NITR} + C_1} \right) \qquad \text{硝化}$$

$$- a_{NC} G_p (1 - P_{NH_4}) C_2 \qquad \text{浮游植物生长}$$

$$- k_{dn} \theta_{dn}^{(T-20)} \left(\frac{K_{NO_3}}{K_{NO_3} + C_1} \right) C_5 \qquad \text{反硝化}$$

$$+ B_2 / H \qquad \text{底部氮通量}$$

式中相关参数的取值见表 5.4。

有机氮 ON 的反应方程为

$$\frac{\partial C_7}{\partial t} = a_{NC} D_p f_{oN} C_2 \qquad \text{浮游植物死亡与内源呼吸}$$

$$- k_{m1} \theta_{m1}^{(T-20)} \left(\frac{C_2 C_7}{K_{mPc} + C_2} \right) \qquad \text{矿化}$$

$$- \frac{w_{7s} (1 - f_{D7})}{H} C_7 \qquad \text{沉降}$$

式中相关参数的取值见表 5.4。

表 5.4 水质模型参数表（氮循环系统）

参数名称	描 述	参数取值范围	单 位
a_{NC}	浮游植物的氮-碳比	0.25	mg N/mg C
D_p	浮游植物死亡率	见表 5.3	d^{-1}
f_{oN}	浮游植物内源呼吸/死亡补充至有机氮库的比例	0.65	—
k_{m1}	20℃时溶解性有机氮的矿化速率	0.01～0.2	d^{-1}

参数名称	描　　述	参数取值范围	单　位
θ_{m1}	k_{m1} 的温度调整系数	$1.0 \sim 1.1$	—
K_{mPc}	浮游植物矿化的半饱和浓度常数	$0 \sim 1.0$	$mg\ C\ L^{-1}$
G_p	浮游植物生长率	见表 5.3	d^{-1}
P_{NH_4}	NH_4 吸收优先项	见表 5.3	—
k_{ni}	20℃时氨氮的硝化速率	见表 5.3	d^{-1}
θ_{ni}	k_{ni} 的温度调整系数	见表 5.3	—
K_{NITR}	硝化时氧限制半饱和浓度	见表 5.3	$mg\ O_2\ L^{-1}$
B_1	底部氨氮通量	用户设定	$mg\ N\ m^{-2}\ d^{-1}$
k_{dn}	20℃时反硝化速率	见表 5.3	d^{-1}
θ_{dn}	k_{dn} 的温度调整系数	见表 5.3	—
K_{NO_3}	反硝化时氧限制半饱和浓度	见表 5.3	$mg\ O_2\ L^{-1}$
B_2	底部硝酸盐氮通量	用户设定	$mg\ N\ m^{-2}\ d^{-1}$
w_{7s}	有机物的沉降速度	0.5	$m\ d^{-1}$
f_{D7}	溶解性有机氮的比例	1.0	—
H	单元水深	水流模型计算结果	m

5.2.4　磷循环系统

　　磷循环系统包括 3 个磷变量：浮游植物磷、有机磷和无机磷（正磷酸盐）。根据随空间变化的溶解比例，有机磷分为颗粒态和溶解态。无机磷也根据随空间变化的溶解比例，分为颗粒态和溶解态，从而反映磷的吸收。氮循环系统涉及浮游植物生长、浮游植物死亡、矿化作用、吸附作用、沉降等动力学过程。其中，可溶解的或可利用的无机磷（DIP）通过吸附-解吸机理与颗粒无机磷相互作用。浮游植物由于生长而吸收 DIP，因此 DIP 合成了浮游植物生物量。通过内源呼吸和非吞食性死亡，磷又从浮游植物生物量中返回到溶解和颗粒有机磷及溶解无机磷。有机磷通过矿化能转化成溶解无机磷。

　　无机磷反应方程为

$$\frac{\partial C_6}{\partial t} = a_{PC} D_p (1 - f_{oP}) C_2 \qquad \text{浮游植物死亡与内源呼吸}$$

$$+ k_{m2} \theta_{m2}^{(T-20)} \left(\frac{C_2 C_8}{K_{mPc} + C_2} \right) \qquad \text{矿化}$$

$$- a_{PC} G_p C_2 \qquad \text{浮游植物生长}$$

$$+ B_3 \qquad \text{底部磷通量}$$

式中相关参数的取值见表 5.5。

有机磷反应方程为

$$\frac{\partial C_8}{\partial t} = a_{PC} D_p f_{oP} C_2 \qquad \text{浮游植物死亡与内源呼吸}$$

$$- k_{m2} \theta_{m2}^{(T-20)} \left(\frac{C_2 C_8}{K_{mPc} + C_2} \right) \qquad \text{矿化}$$

$$- \frac{w_{8s}(1 - f_{D8})}{H} C_8 \qquad \text{沉降}$$

式中相关参数的取值见表 5.5。

表 5.5　　　　　　　　　　水质模型参数表（磷循环系统）

参数名称	描　述	参数取值范围	单　位
a_{PC}	浮游植物的磷碳比	0.025	mg P/mg C
D_p	浮游植物死亡率	见表 5.2	d^{-1}
f_{oP}	浮游植物内源呼吸/死亡补充至有机磷库的比例	0.65	—
k_{m2}	20℃时溶解性有机磷的矿化速度	0.01~2	d^{-1}
θ_{m2}	k_{m2} 的温度调整系数	1.0~1.1	—
K_{mPc}	浮游植物矿化的半饱和浓度常数	见表 5.4	mg C L^{-1}
G_p	浮游植物生长率	见表 5.3	d^{-1}
B_3	底部无机磷通量	用户设定	mg P d^{-1}
w_{8s}	有机磷的沉降速度	0.5	m d^{-1}
f_{D8}	溶解性有机磷的比例	1.0	—
H	单元水深	水流模型计算结果	m

5.3　水生态修复工程概化

利用水生态数学模型成功进行水质改善预测的关键在于对水生态修复工程进行概化模拟，常见的水生态修复工程主要包括水力控导工程、人工曝气复氧和生化反应器等。对水力控导工程、人工曝气装置、生化反应器等常见的修复工程的概化主要体现在两方面：一方面是工程对水流的影响，可以通过合理概化工程阻水比、局部调整糙率、确定取排水口位置及流量等方式，概化工程对水流的影响；另一方面是工程对水质参数的影响，主要体现在各水质变量的降解系数和源汇系数上。

5.3.1　人工曝气复氧

曝气复氧技术是一种快速、高效、简便易行的污染水体治理技术，它既可以有效去除水体中的致黑致臭物质、改善水质，又可以提高水体中的溶解氧含量，强化水体的自净功能，促进水体生态系统的恢复。

充氧设备标称的充氧动力效率均是通过清水试验获得的。在标准条件下（水温为 20℃，气压为 $1.013 \times 10^5 \text{Pa}$），单位时间内转移到脱氧清水中的溶解氧量为

$$R_0 = KC_s V$$

式中：K 为水温为 20℃时的氧总转移系数（$h-1$）；C_s 为水温为 20℃时的饱和溶解氧浓度，mg/L；V 为水体的体积，m^3。

与清水不同，污染水体中含有大量的杂质，这些杂质不仅直接影响氧的总转移系数，还会影响水体的饱和溶解氧浓度，因此，充氧设备在污染水体中的氧转移速率与清水有很大不同。一般通过引入系数 α 校正水中杂质对 K 的影响，引入系数 β 校正杂质对 C_s 的影响。在污染水体条件下，单位时间内转移到水体的溶解氧量为

$$R = \alpha K (\beta C_s - C) \theta^{T-20} V$$

式中：R 为单位时间转移到实际水体中的溶解氧量；T 为水温；θ 为水温修正系数，取 1.024；C 为水体中实际溶解氧浓度，mg/L。

α 和 β 的值可通过污水、清水的充氧试验予以确定。相关研究表明，对于城市生活污水而言，α 和 β 的值分别为 0.80～0.85 和 0.90～0.97。

在数学模型中，将 R 作为溶解氧计算方程中的源项进行处理，从而对人工曝气装置的复氧效果进行概化。

5.3.2　生化反应器去污参数的确定

水环境系统是一个充满不确定性因素、变化复杂的大系统。利用生化反应器对污染水体进行净化，其去除效率与水环境中的水温、pH、污染物浓度、溶解氧等因素存在一定相关关系。多重因素的影响下，生化反应器的净化原理变得复杂，也加大了对污染物降解过程数值模拟的难度。因此，一般采用目标水体进行水质净化效果模拟实验，以确定生化反应器的去污参数。

以珠三角某人工湖水生态修复工程为例。该工程采用 FPU 高效生物载体构建生化反应器，辅以曝气技术，并利用水生态多过程耦合模型对该工程夏季的水质净化效果进行模拟。该工程曝气技术采用实验所得最佳气水比 3:1，使溶解氧浓度维持在 3～4mg/L，平均为 3.6mg/L。此外，根据历史资料，该人工湖夏季平均水温为 27～32℃，平均为 29.6℃；pH 基本保持稳定，为 6.8～7.2，平均为 7.1。

因此，以上述溶解氧、温度和 pH 为条件，利用挂膜成功的 FPU 高效生物载体生化反应器对污染物质的降解效率进行实验，建立污染物浓度与时间的关系曲线，如图 5.2 所示。利用一级动力学反应方程，对不同浓度下的降解系数进行计算，为水生态多过

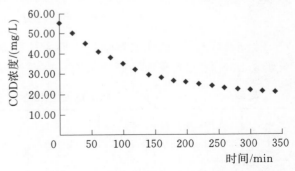

图 5.2　生化反应器对 COD 的去除效率

程耦合模型提供基础参数。

5.3.3　工程概化示例

为了说明数学模型如何对工程进行概化，选取了某水生态修复工程作为示例。水生态修复工程包括水力造流装置、人工曝气装置、生化反应器，工程布置如图 5.3 所示。

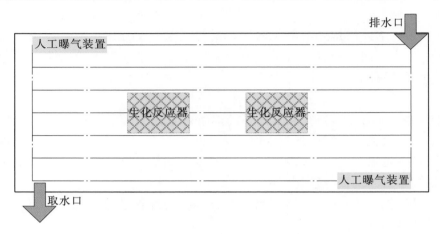

图 5.3　工程布置示意图

在数学模型中，污染物的输运过程包括对流、扩散、降解。各水质指标间的相互作用体现在水生态数学模型的溶解氧平衡系统、浮游植物生长系统、氮循环系统、磷循环系统。污染物的变化过程如图 5.4 所示。

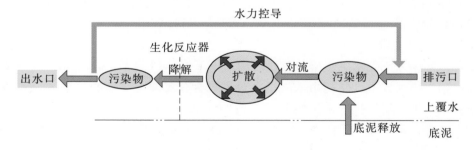

图 5.4　污染物变化过程示意图

经采样分析，底泥的基本化学性质及营养元素如表 5.6 所示。采用前述底泥释放实验方法，得到上覆水污染物浓度与底泥释放速率的关系，见表 5.7。

表 5.6　　　　　　　　　　底泥的基本化学性质及营养元素

采样点	阳离子交换量 /(cmol/kg)	pH 值	Fe /(g/kg)	TN /(g/kg)	TP /(g/kg)	有机碳 /(g/kg)	有机质 /(g/kg)
S2	3.75	7.5	46.89	2.34	0.75	42.43	70.14

表 5.7 上覆水污染物浓度与底泥释放速率的关系

上覆水 COD 浓度/(mg/L)	35	40	45	50	55	60	65
底泥 COD 释放速率/[mg/ (m² · d)]	650.8	630.2	559.5	477.8	335.5	238.3	186.5
上覆水 NH₄ 浓度/(mg/L)	2.3	5	12	20	25	30	38
底泥 NH₄ 释放速率/[mg/ (m² · d)]	428.2	396.3	307.3	256.3	200.3	144.5	54.1

在数学模型中，采用如下方法对工程进行概化。

（1）泵站、取排水口等水力造流工程：在取、排水口位置的计算网格上，分别设置点源，排水口的点源流量为正值，取水口的点源流量为负值，流量大小取决于泵站的设备参数。

（2）人工曝气装置：人工曝气复氧量 R 按照相应公式进行计算（见本章 5.1节），将计算的 R 值均匀分配至人工曝气装置所在的各计算网格上，未布设人工曝气装置的其他计算网格，$R=0$。

（3）生化反应器：将生化反应器概化为一级动力学反应方程，即在生化反应器位置的网格上，污染物降解参数取值为天然降解系数与生化反应器对污染物的降解系数之和；在其他网格上，污染物降解参数取值为天然降解系数。

以降解系数为例，模型分布式设定污染物降解系数如图 5.5 所示，其中，K 为污染物的总降解系数；K_a 为天然降解系数；K_b 为生化反应器对污染物的降解系数。

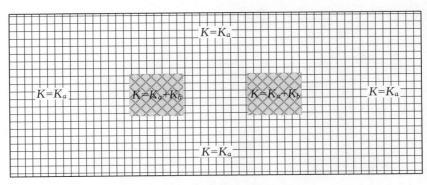

图 5.5 污染物降解系数示意图

运用前述实验方法，确定了生化反应器参数。以 COD 为例，不同 COD 浓度条件下生化反应器对 COD 的降解系数见表 5.8。

表 5.8 不同浓度条件下 COD 降解系数

COD 浓度/(mg/L)	55	50	45	38	32	25	21.5
降解系数 K_b/h	0.28	0.32	0.27	0.25	0.24	0.12	0.07

HydroMPM 模拟的水质变量包括溶解氧、氨氮、硝酸盐氮、有机氮、无机磷、有机磷、碳生化需氧量、叶绿素 a 和 COD。各变量的参数均包括 3 类：扩散系数、综合降解系数、源汇项。其中，各变量的扩散系数相对独立，而变量的综合降解系数和源汇项则受水质自然的迁移转化过程和水生态修复工程的影响。在模拟水质自然迁移转化过程中，涉及的相关参数见表 5.2～表 5.5，通常需要结合经验公式、经验值，并通过模型计算进行参数率定。同时，通过实验分析得到底泥耗氧速率 SOD 和底泥污染物释放参数。此外，人工曝气对应的参数为溶解氧平衡系统中的曝气复氧系数；生化反应器对应参数为污染物降解速率。

5.4 模型验证与应用

5.4.1 珠三角某典型感潮人工湖泊

某人工湖（以下用"A 湖"代指）位于珠三角感潮地区，湖心区面积约 0.4km²。A 湖是典型的水利与生态相结合的大型建设项目，兼具调洪蓄涝和生态环境营造功能。为了维持 A 湖的水体水质和景观，通过和外江连通的进、出水闸进行周期性换水，使人工湖水体具有一定的修复和净化能力，防止湖泊富营养化和蓝藻水华暴发。

1. 湖泊基本情况

湖区正常蓄水位 0.9m，湖底高程 −2.1m，总蓄水量约为 120 万 m³。进水闸和出水闸的尺寸参数一致，即水闸底板高程 −2.1m，3 孔，孔宽 8m。图 5.6 为 A 湖平面示意图。

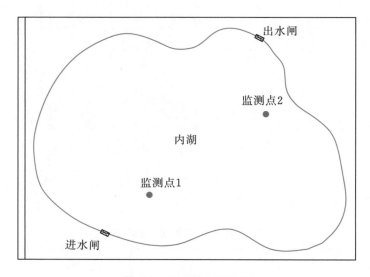

图 5.6 A 湖平面示意图

据现场水质监测分析，外江水质指标的平均浓度分别为：TN 4.06mg/L、NH₃-N 0.60mg/L、NO₃-N 3.28mg/L、TP 0.11mg/L、COD 32.08mg/L、Chl-a 6.04μg/L，水体透明度 SD 为 0.76m，处于劣五类水平。经计算得，A 湖水质在未经净化处理时，综合营养状态指数为 64.43，属于中度富营养状态。新建的人工湖泊由于缺乏经过自然选择的原生态系统，湖泊自净能力较弱，氮、磷等污染物进入内湖后容易产生堆积，在适宜的光、温度、营养盐、水力水文气候等条件使藻类能够形成较大的生物量，引起蓝藻水华泛滥。因此，水体富营养化及可能导致的蓝藻水华是 A 湖面临的主要水生态问题。

2. 蓝藻生长速率室内实验模拟

以珠三角城市湖泊常见蓝藻优势种铜绿微囊藻为代表，通过室内实验系统模拟 A 湖营养条件（即外江来水营养条件）对蓝藻生长的影响，获取蓝藻生长速率，为数值模拟提供参数。实验条件为光强 5000lux，相对湿度 40%～60%，光暗比 12h：12h，温度 27～30.5℃，pH 7.6，TN 浓度 4.0mg/L，TP 浓度 0.10mg/L，每天补充适量氮磷以维持营养盐浓度，每 24h 测定 1 次藻液的吸光度，藻密度（个/mL）=6561.3 ×exp（1.2203×OD）。获得蓝藻生长规律曲线如图 5.7 所示，计算得到蓝藻最大生长率为 1.85/d、蓝藻平均死亡率为 0.32/d。在模型计算时，将根据 A 湖的水温、光照、无机氮和无机磷浓度等条件，对浮游植物生长率进行进一步修正。

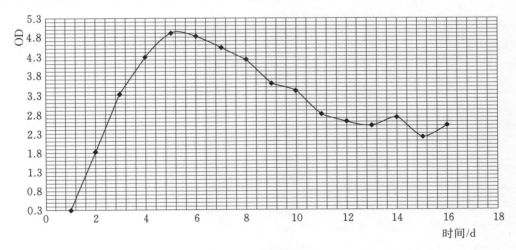

图 5.7 蓝藻生长曲线

3. 模型参数率定

由于外江水的无机氮、无机磷浓度较高，对藻类生长的限制作用非常小，故营养物限制因子 F_{RN} 取值为 1.0。其他参数取值为 $k_{gr}=1.85$，$\theta_{gr}=1.068$，$f=0.6$，$K_e=2.5$，$I_a=650$，$I_s=350$，$k_{par}+k_{grz}=0.32$，$k_{r2}=0.125$，$\theta_{r2}=1.028$。

取两个监测点（见图 5.6）处的叶绿素 a（chl-a）模拟浓度时间序列绘成曲线图，并将其与实测浓度值进行对比，如图 5.8 所示。从结果对比可知，利用该模型计算的湖区叶绿素 a 的变化与实测值较为吻合，表明模型参数选取是合理的。

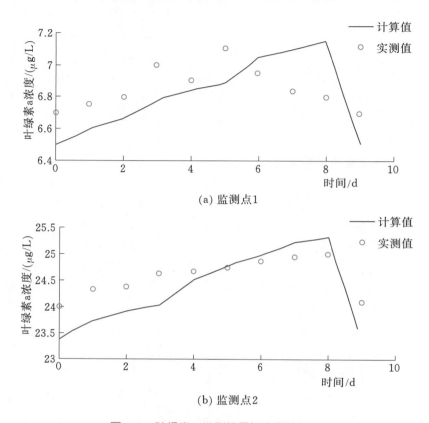

图 5.8　叶绿素 a 模拟结果与实测值对比

4. 叶绿素 a 模拟预测

以易发生蓝藻暴发的夏季为例，计算不同换水方案下的 A 湖内叶绿素 a 浓度分布。换水方案为：换水率 10%，换水周期分别为 7d（方案 1）、9d（方案 2）、11d（方案 3）。由于 A 湖湖底高程为 −2.1m，换水时最低水位控制在 0.6m，即一次换水量约为 A 湖水量的 10%。当 A 湖需要换水时，先利用外江落潮时水位低于湖泊水位，关闭进水闸，开启出水闸，将 A 湖的水预先排出至水位 0.6m 左右；当外江涨潮时，在外江潮位高于湖泊水位时，开启进水闸引水，使 A 湖水体上涨至 0.9m 左右，此时出水闸处于关闭状态。

图 5.9 给出了换水期典型流场分布图。由水动力模拟结果可知，进水闸、出水闸连线附近区域，水流流向基本一致，即由进水闸流向出水闸方向；远离连线区域，水流运动受湖岸边界影响，形成了局部回流。

图 5.10 给出了方案 1、2、3 的换水效果。由计算结果可知，方案 1、2 可以满足水质改善需求，而方案 3 不能满足水质改善需求。其中，方案 2（即 9 天内需要换一次湖水，水量置换率为 10%）在人工湖入水口附近的叶绿素 a 浓度为 6～10µg/L；人

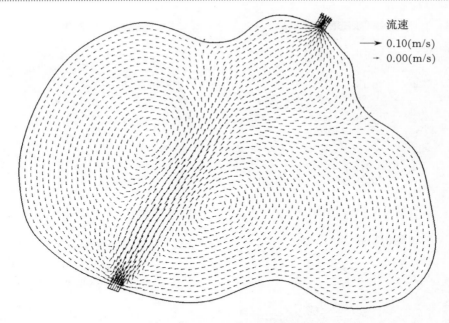

流速
→ 0.10(m/s)
→ 0.00(m/s)

图 5.9　换水期典型流场分布图

工湖中部区域的叶绿素浓度为 $13\sim19\mu g/L$；东南部区域叶绿素浓度偏高，为 $20\sim25\mu g/L$，基本达到了叶绿素浓度值的控制目标（即湖区的叶绿素浓度控制在不超过 $20\mu g/L$ 左右）。因此，方案 2 为优选方案，即在换水周期较大的条件下满足水质改善要求。

5.4.2　澳门海域水环境模拟

澳门位于珠江口伶仃洋与香港遥相对望的右岸，范围包括澳门半岛，凼仔、路环 2 个离岛以及海域，南北距离 11.8km，东西相距约 7km。陆地总面积 $25.4km^2$，其中澳门半岛 $7.84km^2$。

澳门海域是指位于珠海市横琴岛以东、澳门半岛以南、大九洲以西的一带水域，处在珠江河口磨刀门在挂定角向东分出的支汊洪湾水道的出口，属于河口范畴。东北接内伶仃洋河口湾西侧湾口，东南则面向珠江口外海区，受上游径流、外海潮流、沿岸流及波浪等陆、海动力的相互作用，加上周边岛屿边界的影响，水动力条件复杂。在珠江水系来沙的影响下，澳门海岸线长，海岸湾多水浅，形成别具特色的浅水区域。澳门的海岸线长达 937.5km，海岸资源较为丰富，形成了东湾、南湾、北湾、下湾、浅湾、九澳湾、石牌湾、竹湾、黑沙湾、大乙湾等浅水港湾，深水湾仅存在于路环岛。在附近海域堆积作用强烈的影响下，形成了为数不少的沙滩和泥滩。西岸的泥沙来源于磨刀门，东岸的泥沙主要来源于珠江口，特别是澳门半岛周围，几乎被 $0\sim2m$ 的水下浅滩包围。近代以来澳门海域滩涂面积明显增加，但河口滩涂发展不利泄洪又阻碍航运，对区域水质环境也有影响。

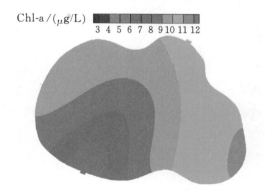

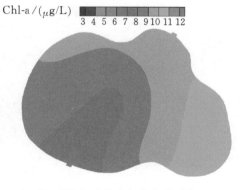

(a) 第7天换水前的浓度分布(方案1)　　　　　　(b) 第7天换水后的浓度分布(方案1)

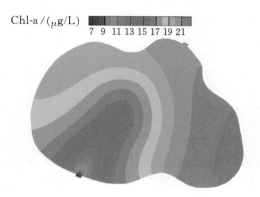

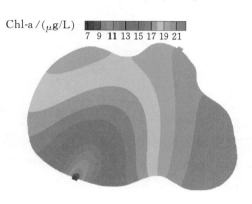

(c) 第9天换水前的浓度分布(方案2)　　　　　　(d) 第9天换水后的浓度分布(方案2)

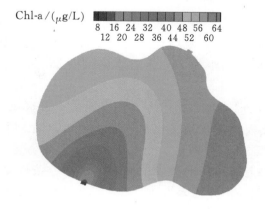

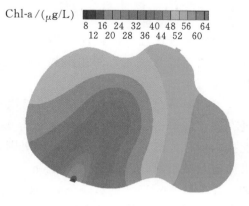

(e) 第11天换水前的浓度分布(方案3)　　　　　　(f) 第11天换水后的浓度分布(方案3)

图 5.10　一个换水周期内的叶绿素 a 浓度分布变化图

在收集研究区域气象、水文、水质数据，以及海底地形等资料的基础上，利用自主研发的水质水生态数学模型，考虑 TN、TP、COD、盐度、溶解氧等指标，建立了澳门海域水环境模型，并利用实测资料对模型进行了率定、验证。

1. 网格划分

根据澳门附近海域水流特征及沿岸地形来确定水环境模型区域范围，模型边界北起金星门，南至磨刀口门，东边外海边界至桂山岛和大万山潮位站一线。区域南北长约 60km、东西宽约 25km。模型区域范围如图 5.11 所示。

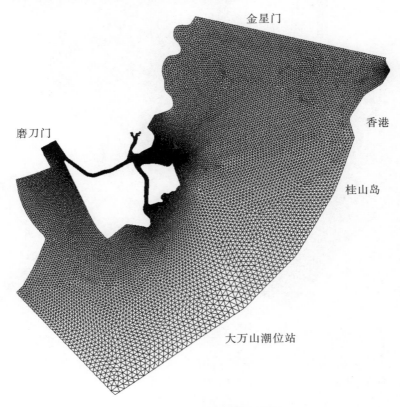

图 5.11　模型网格划分示意图

采用 SMS 软件生成三角形网格，网格边长约 50～1000m，其中，对澳门附近海域的网格进行局部加密，加密的网格边长约 50～100m，外海边界网格边长为 500～1000m。整个模型区域总共划分 42631 个网格。网格划分见图 5.11，网格地形见图 5.12。

2. 边界条件

边界条件主要包括气象条件、水位及流量条件、水质条件等。

气象条件主要考虑气温、气压、相对湿度、风速、风向等。模拟时段的逐时气象条件见图 5.13 和图 5.14。

水位条件主要考虑模型北、南和东三面外海开边界水位，每侧边界选取 3 个点位进行内插，流量边界主要考虑灯笼山站的流量条件。水位及流量边界位置见图 5.15，具体值见图 5.17。

为确定水质边界条件，对研究区域水域水质进行采样分析，采样时间为 2017 年

123

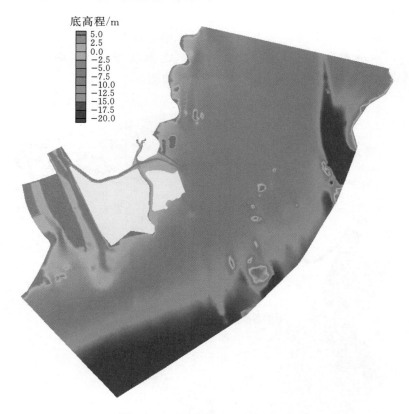

图 5.12　模型网格地形示意图

10 月 13—14 日；水质指标主要为盐度、溶解氧、悬浮物、化学需氧量、总氮和总磷；采样点位置见图 5.16。

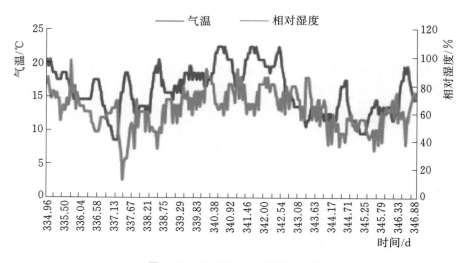

图 5.13　气温及相对湿度变化图

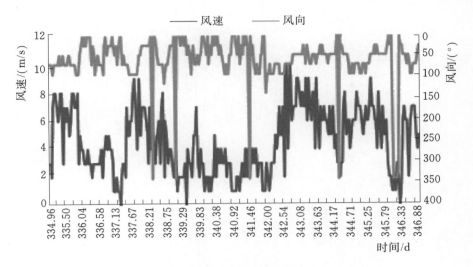

图 5.14 风速风向变化图

图 5.15 水位及流量边界位置示意图

图 5.16 水质采样点位置分布图

　　由于模型率定验证模拟时间跨度相对较小，水质边界条件由于没有长时间序列的监测值，故采用监测期间各点位的实测值进行插补延展。具体水质指标浓度值见表 5.9。

3. 初始条件

　　初始条件设置了水位、盐度和各种水质指标初始浓度。初始水位就是模拟时段内第一天水位的平均值。初始流速设为 0m/s，根据水位和海底高程可以算出水深。初始盐度和水质指标浓度（DO、TN、TP、COD）根据各个监测点的实测值进行空间内插而得。由于缺少氮、磷各组分的实测数据，根据前人研究成果，难溶性的、可溶性的、有机溶解性的氮、磷组分则根据 TP、PO_4^{3-}、TN、NH_4^+、NO_3^- 和 NO_2^- 的浓度估算而得。

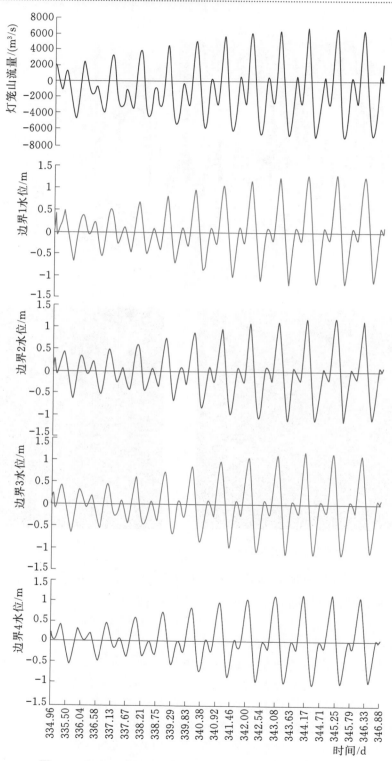

图 5.17（一）　灯笼山水文站流量及边界点位水位变化图

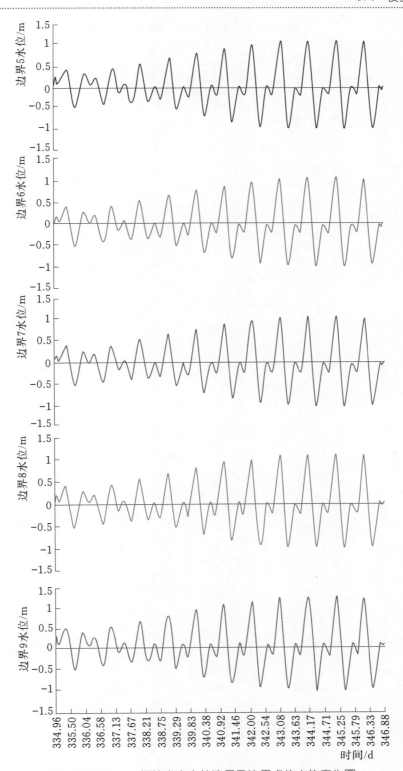

图 5.17（二） 灯笼山水文站流量及边界点位水位变化图

表 5.9　　　　　　　　　采样点 10 月 13—14 日水质指标浓度值

点位	日期	采样时间	层次	水深/m	pH	监测参数					
						溶解氧/(mg/L)	盐度/ppt	悬浮物/(mg/L)	总氮/(mg/L)	总磷/(mg/L)	COD_Mn/(mg/L)
P1-1	10月13日	10：10	上	4.0	7.79	6.28	4.38	126	1.36	0.053	1.89
			下		7.72	6.06	4.42	261	1.21	0.077	2.06
		14：00	上	4.5	7.86	6.53	2.59	43	1.85	0.073	1.78
			下		7.82	6.12	3.53	194	1.42	0.079	1.96
		17：10	上	4.8	7.94	6.35	2.85	42	1.72	0.092	1.82
			下		7.82	6.24	4.29	299	1.65	0.077	2.31
		19：00	上	5.0	8.05	6.53	3.50	49	1.60	0.069	1.35
			下		7.86	6.25	4.66	135	1.16	0.103	1.67
		21：30	上	4.5	7.93	6.52	3.36	49	1.64	0.084	1.69
			下		7.91	6.41	4.67	106	1.39	0.079	1.98
		23：10	上	5.2	7.79	6.62	3.38	69	1.32	0.111	1.86
			下		7.82	6.38	7.08	335	2.02	0.091	2.16
	10月14日	3：10	上	5.5	7.88	6.54	3.72	22	1.48	0.078	1.45
			下		7.85	6.35	4.02	109	1.69	0.088	1.87
		7：20	上	4.3	7.94	6.81	3.47	36	1.16	0.121	1.69
			下		7.71	6.35	5.99	74	1.250	0.171	2.05
P1-2	10月13日	11：30	上	4.2	7.81	6.31	10.40	121	2.57	0.086	2.13
			下		7.88	6.23	12.60	237	4.03	0.071	2.32
		15：35	上	5.1	7.85	6.49	9.06	76	3.06	0.077	1.89
			下		7.80	6.32	12.60	183	3.66	0.057	2.26
		18：15	上	5.5	7.78	6.43	2.91	18	3.74	0.059	2.06
			下		7.84	6.32	3.70	43	2.12	0.082	2.13
		20：20	上	5.4	7.91	6.52	3.03	70	2.40	0.088	1.84
			下		7.77	6.3	3.95	77	1.43	0.075	2.07
		22：50	上	5.8	7.89	6.62	3.00	65	1.98	0.095	2.15
			下		7.95	6.45	3.52	86	1.64	0.073	2.24
	10月14日	1：22	上	6.5	7.85	6.53	3.11	47	1.71	0.072	1.79
			下		7.89	6.27	4.69	79	1.49	0.106	2.34
		6：00	上	6.0	7.86	6.49	3.57	88	1.67	0.149	2.03
			下		7.87	6.28	4.26	106	1.26	0.132	2.36
		9：30	上	5.1	7.74	6.72	3.34	31	2.00	0.083	2.16
			下		7.82	6.49	4.84	97	1.99	0.142	2.54

点位	日期	采样时间	层次	水深/m	pH	溶解氧/(mg/L)	盐度/ppt	悬浮物/(mg/L)	总氮/(mg/L)	总磷/(mg/L)	COD_Mn/(mg/L)
						监测参数					
P2-1	10月13日	10：40	上	3.9	7.96	6.45	10.60	24	3.04	0.097	2.65
			中		8.01	6.35	13.00	21	3.61	0.145	2.78
			下		8.04	6.21	15.60	260	2.19	0.108	2.53
		13：30	上	4.2	7.95	6.58	8.75	115	2.46	0.052	2.64
			中		7.89	6.49	9.22	88	3.07	0.056	2.58
			下		7.94	6.37	11.40	275	2.29	0.065	2.74
		17：40	上	4.9	7.97	6.49	8.81	26	2.92	0.074	2.46
			中		7.98	6.32	11.91	38	2.19	0.07	2.50
			下		7.99	6.28	12.50	82	2.86	0.063	2.85
		19：30	上	5.2	8.02	6.46	9.55	32	3.55	0.075	2.46
			中		8.03	6.28	12.40	29	2.39	0.057	2.58
			下		8.03	6.20	14.40	213	2.85	0.062	2.69
		21：30	上	5.0	7.99	6.57	9.89	45	3.05	0.082	2.32
			中		8.05	6.43	12.30	52	2.85	0.065	2.43
			下		8.04	6.10	14.62	169	2.89	0.068	2.58
		23：30	上	5.5	7.99	6.62	10.40	21	2.31	0.082	2.47
			中		8.05	6.54	12.30	41	2.05	0.056	2.86
			下		8.01	6.38	14.90	229	2.46	0.072	2.94
	10月14日	3：30	上	5.8	8.05	6.56	8.75	72	2.79	0.083	2.27
			中		7.85	6.42	8.84	130	2.33	0.076	2.53
			下		7.88	6.45	11.60	288	2.29	0.109	2.67
		7：30	上	5.0	7.97	6.54	10.30	83	2.87	0.121	2.73
			中		7.98	6.48	11.00	110	2.93	0.115	2.56
			下		8.00	6.20	12.80	126	2.45	0.118	2.79
P2-4	10月13日	11：10	上	6.0	7.96	6.43	10.30	95	3.14	0.133	2.65
			中		7.93	6.25	10.40	86	2.46	0.065	2.76
			下		7.91	6.13	13.40	135	3.89	0.147	2.95
		14：40	上	7.0	8.03	6.49	9.77	57	3.65	0.125	2.63
			中		8.07	6.21	13.80	37	2.24	0.129	2.49
			下		8.06	6.37	15.30	169	3.21	0.081	3.21

续表

点位	日期	采样时间	层次	水深/m	pH	溶解氧/(mg/L)	盐度/ppt	悬浮物/(mg/L)	总氮/(mg/L)	总磷/(mg/L)	COD$_{Mn}$/(mg/L)
								监测参数			
P2-4	10月13日	18:30	上	7.2	8.04	6.49	9.96	13	3.42	0.099	2.95
			中		8.07	6.32	14.40	45	2.31	0.079	2.86
			下		8.09	6.28	15.40	261	2.82	0.072	3.25
		20:30	上	7.0	7.90	6.38	8.87	107	2.89	0.085	2.79
			中		7.95	6.28	9.31	87	3.29	0.081	2.94
			下		8.00	6.20	14.10	267	3.12	0.071	2.98
		22:30	上	7.5	7.86	6.59	9.65	86	3.21	0.086	2.78
			中		7.95	6.42	10.02	94	3.26	0.072	2.69
			下		8.04	6.38	12.60	126	3.56	0.096	3.04
	10月14日	0:40	上	7.8	8.06	6.78	9.77	68	2.54	0.105	2.76
			中		7.86	6.57	13.80	76	2.24	0.086	2.68
			下		7.92	6.52	15.30	176	2.86	0.093	2.96
		7:20	上	7.0	8.01	6.68	10.78	59	2.68	0.086	2.86
			中		8.02	6.56	13.85	65	2.31	0.075	2.95
			下		7.85	6.39	15.32	168	2.79	0.082	3.05
		8:00	上	6.5	7.96	6.51	10.60	109	1.67	0.102	2.68
			中		7.93	6.23	13.50	105	3.26	0.057	2.76
			下		8.02	6.14	15.00	178	1.94	0.051	2.95
P5-1	10月13日	10:30	上	5.0	7.30	6.45	4.46	86	1.86	0.086	2.26
			中		7.26	6.32	6.72	92	1.78	0.082	2.38
			下		7.23	6.17	6.31	135	2.13	0.096	2.57
		13:10	上	5.5	7.65	6.54	6.10	96	2.05	0.076	2.65
			中		7.59	6.38	6.19	89	2.13	0.085	2.35
			下		7.89	6.27	6.42	169	2.26	0.093	2.49
		17:00	上	6.0	7.95	6.62	6.52	87	2.50	0.067	2.51
			中		7.85	6.51	6.61	95	2.19	0.072	2.42
			下		7.69	6.34	6.90	138	2.34	0.068	2.49
		21:00	上	5.7	7.81	6.76	6.49	64	2.56	0.096	2.32
			中		7.93	6.52	6.73	52	2.41	0.104	2.46
			下		8.02	6.31	7.10	128	2.67	0.096	2.78

续表

点位	日期	采样时间	层次	水深/m	pH	监测参数					
						溶解氧/(mg/L)	盐度/ppt	悬浮物/(mg/L)	总氮/(mg/L)	总磷/(mg/L)	COD_Mn/(mg/L)
P5-1	10月13日	21：30	上	5.7	7.86	6.65	6.52	78	2.16	0.082	2.32
			中		7.92	6.48	6.67	86	2.35	0.072	2.48
			下		7.93	6.28	6.85	138	2.29	0.095	2.54
	10月14日	1：10	上	6.2	8.01	6.89	6.60	76	2.05	0.092	2.53
			中		7.89	6.50	8.16	96	1.98	0.097	2.16
			下		7.94	6.41	9.65	148	2.13	0.106	2.78
		3：00	上	6.5	8.02	6.80	6.68	53	1.97	0.075	2.46
			中		7.94	6.57	7.69	75	2.35	0.081	2.51
			下		7.69	6.48	9.72	107	2.06	0.093	2.53
		7：10	上	5.6	8.06	7.02	6.54	86	2.46	0.101	2.23
			中		7.84	6.49	6.83	72	2.15	0.096	2.45
			下		7.95	6.32	7.32	118	2.92	0.094	2.39
P5-2	10月13日	10：40	上	3.8	7.21	6.38	4.32	78	1.96	0.098	2.36
			中		7.36	6.23	6.16	136	1.84	0.087	2.45
			下		7.18	6.18	6.23	142	2.35	0.125	2.68
		13：40	上	4.2	7.38	6.62	6.15	106	2.31	0.079	2.51
			中		7.32	6.42	6.21	134	2.08	0.082	2.62
			下		7.46	6.31	6.49	241	1.98	0.067	2.74
		17：40	上	4.8	7.85	6.52	6.59	76	2.35	0.092	2.45
			中		7.96	6.41	6.68	85	2.51	0.09	2.38
			下		8.02	6.30	6.98	156	2.46	0.098	2.58
		20：00	上	4.9	7.92	6.62	6.52	52	2.86	0.108	2.46
			中		7.87	6.43	6.84	49	2.54	0.106	2.54
			下		7.05	6.42	7.23	114	2.48	0.113	2.81
		21：40	上	4.7	7.89	6.53	6.58	82	2.23	0.093	2.46
			中		7.85	6.25	6.62	76	2.14	0.087	2.64
			下		8.01	6.34	6.79	140	2.10	0.103	2.72
	10月14日	0：45	上	5.4	8.05	6.68	6.57	65	2.32	0.086	2.43
			中		7.92	6.54	7.95	105	2.25	0.078	2.57
			下		7.87	6.32	9.57	156	2.01	0.092	2.61

续表

点位	日期	采样时间	层次	水深/m	pH	监测参数					
						溶解氧/(mg/L)	盐度/ppt	悬浮物/(mg/L)	总氮/(mg/L)	总磷/(mg/L)	COD$_{Mn}$/(mg/L)
P5－2	10月14日	3：20	上	5.7	8.08	6.60	6.92	45	2.24	0.085	2.52
			中		8.12	6.50	7.86	65	2.26	0.094	2.43
			下		7.94	6.46	9.68	98	2.65	0.123	2.65
		7：20	上	5.0	8.04	6.50	6.82	58	2.86	0.114	2.38
			中		7.96	6.32	6.98	82	3.01	0.126	2.19
			下		8.01	6.42	7.24	102	2.92	0.115	2.65
P5－4	10月13日	11：00	上	5.1	7.69	6.51	4.93	66	1.75	0.122	2.15
			中		7.81	6.42	6.46	123	1.77	0.124	2.25
			下		7.84	6.35	6.58	138	2.46	0.169	2.48
		14：30	上	5.8	8.09	6.52	6.29	117	2.29	0.153	2.36
			中		7.97	6.40	6.28	147	2.18	0.095	2.42
			下		7.94	6.26	6.54	236	2.04	0.055	2.54
		18：10	上	6.1	8.06	6.58	6.58	61	2.21	0.081	2.25
			中		8.05	6.43	6.50	52	2.56	0.084	2.18
			下		8.01	6.28	6.96	161	2.55	0.09	2.38
		19：40	上	6.2	8.10	6.61	6.78	49	3.09	0.11	2.20
			中		8.06	6.46	6.99	39	2.24	0.104	2.34
			下		8.03	6.29	7.10	105	2.22	0.134	2.65
		22：10	上	5.8	7.97	6.46	6.69	74	2.16	0.102	2.34
			中		8.04	6.52	6.61	53	2.03	0.086	2.44
			下		7.97	6.31	6.81	87	2.07	0.095	2.52
	10月14日	0：00	上	6.3	7.97	6.67	6.64	42	2.26	0.093	2.23
			中		7.95	6.54	8.04	125	2.27	0.078	2.37
			下		7.97	6.23	9.60	325	1.97	0.11	2.41
		4：00	上	6.6	7.99	6.59	6.78	40	2.14	0.109	2.32
			中		8.00	6.65	6.82	38	2.34	0.11	2.23
			下		7.97	6.42	6.88	76	3.08	0.125	2.45
		8：10	上	5.7	8.00	6.82	6.78	69	2.85	0.104	2.18
			中		8.02	6.58	6.72	77	2.93	0.12	2.32
			下		8.03	6.50	6.69	81	2.86	0.107	2.45

续表

点位	日期	采样时间	层次	水深/m	pH	监测参数					
						溶解氧/（mg/L）	盐度/ppt	悬浮物/（mg/L）	总氮/（mg/L）	总磷/（mg/L）	COD_Mn/（mg/L）
P5-5	10月13日	11：30	上	5.0	7.86	6.49	5.01	59	1.68	0.096	2.23
			中		7.92	6.28	6.25	106	1.65	0.103	2.16
			下		7.85	6.07	6.34	128	1.98	0.112	2.35
		14：40	上	5.9	7.68	6.51	6.32	106	1.85	0.123	2.29
			中		7.79	6.37	6.45	135	2.01	0.098	2.38
			下		7.84	6.21	6.98	196	2.16	0.087	2.57
		18：40	上	6.3	7.93	6.68	6.58	78	2.03	0.078	2.26
			中		7.85	6.52	6.67	68	1.96	0.085	2.31
			下		7.97	6.37	7.02	124	2.25	0.096	2.42
		19：20	上	6.5	7.86	6.78	6.69	52	1.96	0.105	2.16
			中		7.91	6.48	6.89	69	2.15	0.112	2.24
			下		7.84	6.39	7.16	142	2.31	0.132	2.53
		22：40	上	5.8	7.94	6.84	6.98	65	2.08	0.096	2.27
			中		7.83	6.59	7.02	76	2.15	0.085	2.46
			下		7.79	6.38	7.16	123	2.19	0.115	2.19
		23：40	上	6.5	7.95	7.26	7.01	86	2.16	0.086	2.35
			中		8.04	6.85	7.15	79	2.31	0.096	2.43
			下		8.01	6.31	7.26	189	2.42	0.087	2.51
	10月14日	4：30	上	6.7	7.95	6.98	7.32	53	2.07	0.114	2.16
			中		7.88	6.62	7.39	62	2.03	0.092	2.18
			下		7.93	6.54	7.45	89	2.13	0.108	2.35
		8：30	上	5.6	8.01	6.87	6.68	72	2.45	0.105	2.09
			中		7.87	6.49	6.75	86	2.36	0.112	2.18
			下		8.10	6.37	6.89	124	2.65	0.097	2.36
P5-7	10月13日	12：00	上	5.1	7.78	6.62	4.68	64	1.96	0.087	2.31
			中		7.95	6.51	5.57	113	2.04	0.093	2.06
			下		7.84	6.12	6.24	135	2.23	0.105	2.34
		15：00	上	5.7	7.96	6.43	6.28	85	1.95	0.116	2.54
			中		7.94	6.28	6.41	76	2.13	0.104	2.38
			下		7.59	6.17	6.86	129	2.28	0.098	2.61

点位	日期	采样时间	层次	水深/m	pH	监测参数					
						溶解氧/(mg/L)	盐度/ppt	悬浮物/(mg/L)	总氮/(mg/L)	总磷/(mg/L)	COD_{Mn}/(mg/L)
P5-7	10月13日	19：00	上	6.2	7.86	6.54	6.46	86	2.14	0.112	2.16
			中		7.98	6.32	6.72	79	2.32	0.096	2.35
			下		8.01	6.24	6.98	135	2.45	0.103	2.54
		19：10	上	6.4	7.95	6.65	6.50	76	2.19	0.096	2.23
			中		7.84	6.52	6.81	92	2.29	0.102	2.18
			下		7.69	6.31	6.94	109	2.34	0.098	2.39
		23：00	上	5.9	7.84	6.69	6.79	59	1.96	0.086	2.35
			中		7.95	6.48	6.98	67	2.14	0.096	2.45
			下		7.91	6.29	7.15	128	2.18	0.078	2.61
		23：30	上	6.6	8.12	7.16	7.06	69	2.04	0.096	2.16
			中		8.13	6.52	7.14	86	2.23	0.102	2.35
			下		7.96	6.36	7.23	132	2.47	0.087	2.49
	10月14日	5：00	上	6.9	8.06	6.87	7.28	74	2.14	0.096	2.26
			中		7.92	6.54	7.40	91	2.68	0.094	2.34
			下		7.86	6.31	7.54	108	2.34	0.093	2.58
		9：40	上	5.3	7.95	6.95	5.84	109	2.51	0.089	2.24
			中		8.02	6.48	6.21	123	2.62	0.079	2.39
			下		7.89	6.34	6.32	256	2.79	0.092	2.45

4. 主要参数设置

水质模块参数众多，本研究中主要考虑 N、P、COD、DO 等相关水质参数。由于营养盐参数众多，本模型部分参数采用 WASP 模型推荐参数取值，部分参数例如水体复氧系数、COD 降解系数、氮磷等指标的最小水解速率等根据 WASP 推荐值参考附近水域相关研究进行初步取值，然后由模型率定得到。

5. 水动力计算结果率定验证

在水动力模型率定过程中，通过模型参数的不确定性及敏感性分析，本研究重点率定验证风场参数及糙率系数，风拖曳系数取 3×10^{-3}，曼宁糙率系数取 0.01～0.015。模型率定点位位置见图 5.18。

水位的率定点位主要为 w1、w2 和 w3 这 3 个点位，水位率定结果见图 5.19。其中，w1 点位的水位误差为 0.014m；w2 点位为 0.028m；w3 点位为 0.013m。水位率定结果表明：水位误差最大值为 2.8cm，达到了率定要求（小于 10cm），水动力模拟结果较好。

流速率定点位主要为 v1～v5，率定结果见图 5.20。从率定结果可见：①v1 点位和 v5 点位中个别时间点的相对误差较大超过 60%；②v2、v3 和 v4 点位相对误差较小，基本都在 30% 以内；③总体而言，5 个点位的平均相对误差为－9.7%，达到了率定要求（小于 10%）。

6. 水质计算结果率定验证

模型率定验证了主要的水质变量（包括 DO、TP、TN、盐度、COD）。根据本次率定验证结果及附近海域其他相关模型研究调整了部分参数的取值。各监测点的率定验证结果汇总如表 5.10 所示（水质监测点位置见图 5.16）。

图 5.18　水动力模型率定点位
（w1～w3 为水位、v1～v5 为流速）

表 5.10　　　旱季各监测点位水质模拟结果平均绝对相对误差统计表

点　位	COD	DO	盐度	TN	TP
P2－1	16.5%	14.3%	46.3%	39.5%	12.2%
P5－1	39.6%	36.1%	28.4%	14.3%	13.3%
P5－2	34.5%	39.3%	37.7%	11.8%	24.6%
P5－4	47.9%	38.0%	38.2%	12.3%	8.0%
P5－5	16.7%	37.1%	15.4%	7.5%	9.4%
P5－7	18.1%	35.0%	18.2%	10.6%	11.2%

由表 5.10 可知以下内容：

（1）各监测点位的各项水质指标平均绝对相对误差基本在 40% 以内，所有点位的各项指标项中仅有 2 项误差超过 40%，最大为 47.9%，在可接受范围内，说明模型模拟结果相对比较合理。

（2）根据《海洋工程环境影响评价技术导则》（GB/T 19485—2004），水质验证计算结果误差应小于 30%。所有监测点位的各项水质指标共 30 个，误差小于 30% 的指标有 18 个，误差大于 30% 的指标有 12 个。考虑到本模型范围较大、水动力条件复杂、水环境影响因素众多，模型验证结果亦在可接受范围内。

（3）从各监测点位看，离岸点位相对于近岸点位模拟结果较好，可能是由于近岸点位受人类活动影响比较大，而模型无法全面考虑人类活动的影响，导致模型计算结果误差较大。

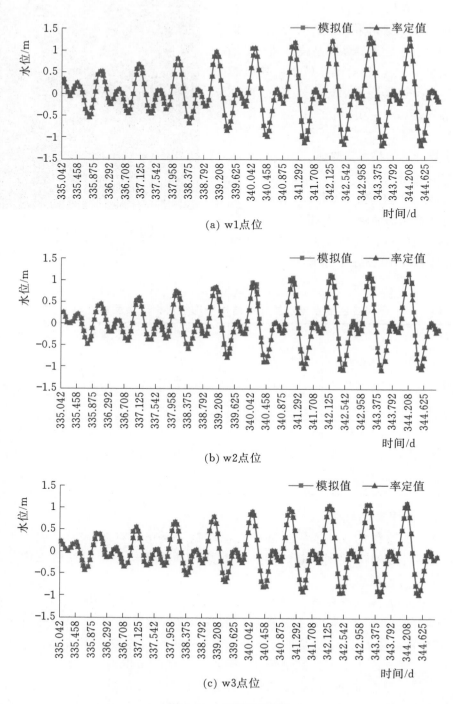

(a) w1点位

(b) w2点位

(c) w3点位

图 5.19　水位率定结果

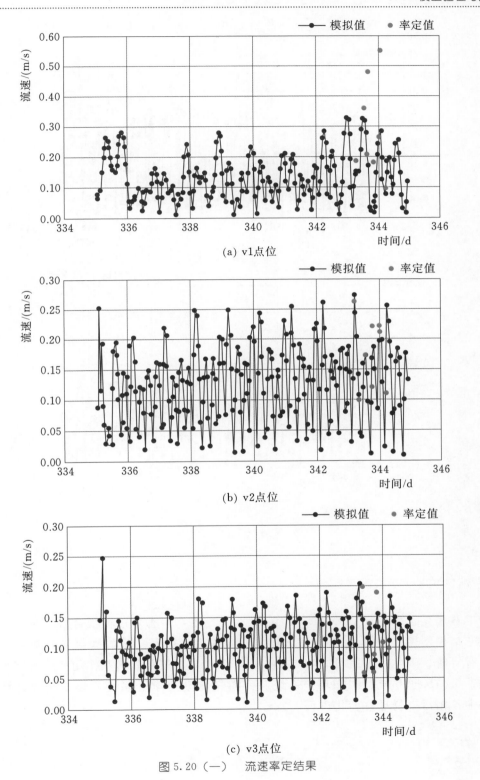

(a) v1点位

(b) v2点位

(c) v3点位

图 5.20（一） 流速率定结果

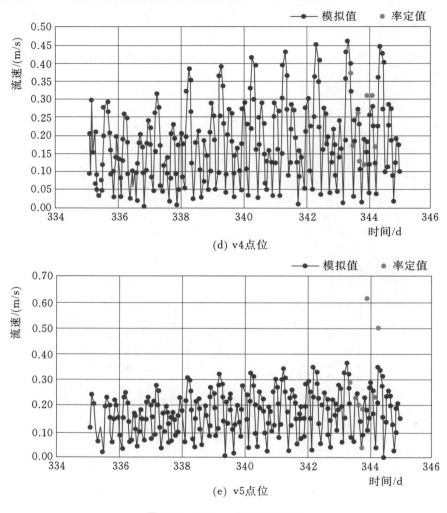

(d) v4点位

(e) v5点位

图 5.20 （二）　流速率定结果

5.5　小结

本章建立了 HydroMPM2D _ ECOLOGY 二维水生态多过程耦合数学模型。该模型在非结构网格水流模型基础上，考虑了溶解氧、氨氮、硝酸盐氮、有机氮、无机磷、有机磷、碳生化需氧量、叶绿素 a 等 8 个水质变量及其相互作用的溶解氧平衡子系统、氮循环子系统、磷循环子系统和浮游植物动力学子系统，较为全面地概化了水体中各相污染物迁移转化过程。

第 6 章

HydroMPM2D＿SED 数学模型原理及应用

本章针对河口区潮流、泥沙数值模拟问题，运用非结构网格上 Godunov 型有限体积法，建立了 HydroMPM2D＿SED 水（潮）流-盐度-波浪-泥沙耦合数学模型，解决了波生流、波浪破碎带及沿岸流等输沙过程模拟难题，提高了线型工程（窄航道、潜堤等）的概化精度，显著提升了泥沙模型在不同河口类型的适用性。

HydroMPM2D＿SED 模型主要功能包括以下内容：

（1）淤泥模块。可模拟多粒径级和底床分层，淤泥或黏土在波浪和水流作用下的冲刷、输运和沉积。用于计算港内、湖泊和海岸地区的黏聚性泥沙的淤积情况。

（2）全沙模块。可模拟多粒径级和底床分层，水流的作用或水流和波浪的共同作用下波生流、波浪破碎带及沿岸流等输沙过程。解决受波浪影响的河口区发育演变、砂质岬间弧形海湾体系演变等复杂问题的模拟。

模型可适用于不同类型的河口、海岸及冲积性、游荡性等河流的情况。通过加速系数、等效代表动力等手段实现中长时间尺度的演变，预测其发育趋势。

6.1　控制方程

6.1.1　悬移质控制方程

6.1.1.1　悬移质泥沙对流扩散方程

将泥沙连续方程沿水平积分，即可得沿水深的二维连续方程，亦为悬移质对流扩散方程：

$$\frac{\partial (hS)}{\partial t} + \frac{\partial (huS)}{\partial x} + \frac{\partial (hvS)}{\partial y} = \frac{\partial}{\partial x}\left[\nu_{sx}\left(\frac{\partial (hS)}{\partial x}\right)\right] + \frac{\partial}{\partial y}\left[\nu_{sy}\left(\frac{\partial (hS)}{\partial y}\right)\right] + Q_L S_L - F_s$$

$$(6.1)$$

式中：S 为垂线平均含沙量；ν_{sx}、ν_{sy} 为紊动扩散系数；F_s 为冲淤项；Q_L、S_L 为水平单位面积源量及源含沙量；其他符号含义同水动力模型定义。

6.1.1.2　河床变形方程

悬移质泥沙在液面的通量一般为 0，而悬移质泥沙在河床底面的单位通量等于悬移质河床变形。冲淤项可用冲淤函数表示，以挟沙力表示的冲淤函数及以床面切应力的冲淤函数。

1. 以挟沙力方式表示冲淤函数

引入垂线平均含沙量、垂线平均挟沙力与床面含沙量、挟沙力关系系数。可以得悬移质河床变形方程，可表示为

$$F_s = \rho_* \frac{\partial b}{\partial t} = \alpha_3 \omega(\alpha_1 S - \alpha_2 S_*) \tag{6.2}$$

式中：α_1、α_2 分别为含沙量、挟沙力恢复饱和系数；α_3 为泥沙沉降机率；ω 为泥沙沉速；S_* 为饱和状态下含沙量（即水流挟沙力）；ρ_s 为泥沙密度，取 2650kg/m^3。

2. 以床面切应力表示冲淤函数

以床面切应力表示冲淤函数为

$$F_s = \begin{cases} S_D & (\tau_b \leqslant \tau_{cd}) \\ 0 & (\tau_{ce} > \tau_b > \tau_{cd}) \\ -S_E & (\tau_b \geqslant \tau_{ce}) \end{cases} \tag{6.3}$$

式中：S_D 为泥沙淤积速率；S_E 为泥沙冲刷速率；τ_b 为河床剪切力，N/m^2；τ_{cd} 为淤积时的临界床面剪切力，N/m^2；τ_{ce} 为冲刷（或重新起悬）时的临界床面剪切力，N/m^2。

Krone 于 1962 年提出了水流和泥沙相互作用的随机模型，泥沙淤积速率 S_D 由式 (6.4) 计算：

$$S_D = \omega_s c_b p_d \tag{6.4}$$

式中：ω_s 为沉速，m/s；p_d 为淤积概率，$p_d = 1 - \tau_b/\tau_{cd}(\tau_b \leqslant \tau_{cd})$；$c_b$ 为近床含沙量，kg/m^3。

泥沙冲刷速率 S_E 可根据 Mehta 的方法分两种情况来确定：

密实固结河床：$S_E = E(\tau_b/\tau_{ce} - 1)^n$，$\tau_b > \tau_{ce}$。

式中：E 为单位河床面积的冲刷率，$\text{kg/(m}^2 \cdot \text{s)}$；$n$ 为指数系数。

松软部分固结河床：$S_E = E\exp[\alpha\sqrt{\tau_b - \tau_{ce}}]$，$\tau_b > \tau_{ce}$。

式中：α 为系数，$\text{m/N}^{1/2}$；其余符号意义同前。

单位河床面积的冲刷率 E 是一个比例因子，控制着冲刷的速率，一般与泥沙性质有关，比如矿物成分、有机物、含盐度等。其取值范围为 $5\times10^{-6} \sim 10^{-4}\text{kg/(m}^2 \cdot \text{s)}$，并且普遍认为其值随着泥沙湿密度 ρ_b 的增大而减小。

6.1.2　推移质控制方程

目前，推移质运动及其引起的底床变形有两类：一类是从守恒原理推导推移质输沙不平衡方程；另一类则直接利用推移质输沙率公式代表推移质输沙方程。

1. 推移质输沙不平衡方程

对于推移质同样存在床面高程变化与推移质流出、流进而引起的质量差守恒，则推移质引起的河床变形方程为

$$\frac{\partial T}{\partial t} = -F_s = -\rho_s \frac{\partial b}{\partial t} = -\left(\frac{\partial g_{bx}}{\partial x} + \frac{\partial g_{by}}{\partial y}\right) \tag{6.5}$$

式中：T 为单位面积上的推移质量，kg/m^2；g_{bx}、g_{by} 分别为 x 和 y 方向的推移质输沙通量。

2. 推移质输沙率公式

推移质输沙问题是实际工程不可避免的问题之一，人们在生产和科研实践中，提出了许多估算推移质输沙量的方法，但是由于验测推移质的方法不够完善，要准确地确定推移质来沙量还比较困难。目前现有推移质输沙公式从理论上大致将其划分为四个类型，详见表 6.1。

表 6.1 推 移 质 输 沙 率 公 式

类型	作者	公式结构	备注
I	沙莫夫	$g_b = 0.95 d^{0.5} (U - U_c) \left(\dfrac{U}{U_c'}\right)^3 \left(\dfrac{d}{h}\right)^{0.25}$	$U_c' = \dfrac{1}{1.2} U_c = 3.83 d^{\frac{1}{3}} h^{\frac{1}{6}}$ 不适用平均粒径小于 0.2mm 的泥沙
	亚林	$g_b = 0.635 (\gamma_s - \gamma) d u_* s \left[1 - \dfrac{1}{as} \ln(1 + as)\right]$	$\Theta = \dfrac{\tau_0}{(\gamma_s - \gamma) d}$, $\quad s = \dfrac{\Theta - \Theta_c}{\Theta_c}$ $a = 2.45 \sqrt{\Theta_c} \left(\dfrac{\gamma}{\gamma_s}\right)^{0.4}$
II	杜博埃	$g_b = \varphi \tau_0 (\tau_0 - \tau_c)$	τ_c 为起动拖曳力，τ_0 为拖曳力，φ 为表征泥沙输移的特征系数
	梅叶－彼得	$g_b = \dfrac{\left[\left(\dfrac{K_s}{K_r}\right)^{3/2} \gamma h J - 0.047 (\gamma_s - \gamma) d\right]^{3/2}}{0.125 \left(\dfrac{\gamma}{g}\right)^{1/2} \left(\dfrac{\gamma_s - \gamma}{\gamma_s}\right)}$	K_s 为河床糙率系数；K_r 为河床平整情况下的沙粒阻力系数 $K_r = 26/(d_{90})^{1/6}$
	恩格隆	$g_b = \dfrac{9.3}{\beta} \dfrac{d\gamma_s}{\sqrt{\Theta}} U_* (\Theta - \Theta_c)(\sqrt{\Theta} - 0.7 \sqrt{\Theta_c})$	$\Theta = \dfrac{\tau_0}{(\gamma_s - \gamma) d}$, β 为动摩擦系数
	阿克斯－怀特	$g_b = \gamma S_{wb} h U$ $\dfrac{\gamma S_{wb} h}{\gamma_s d} = 0.25 \left(\dfrac{M}{0.17} - 1\right)^{1.5}$	S_{wb} 为单位床面面积上水柱内的推移质平均含沙量，以重量计 $M = \dfrac{U}{\sqrt{g \dfrac{\gamma_s - \gamma}{\gamma} d}} \dfrac{1}{\sqrt{32} \lg \dfrac{10h}{d}}$

类型	作者	公 式 结 构	备 注
Ⅲ	窦国仁	$g_b = \dfrac{0.1}{C_o^2}\dfrac{\gamma\gamma_s}{\gamma_s-\gamma}(U-U_L)\dfrac{U^3}{g\omega}$	C_0 为无量纲舍齐系数，建议 $C_0 = 2.5\ln 11h/K_s$，$K_s=d$，U_L 为不动流速
Ⅳ	爱因斯坦	$1-\dfrac{1}{\sqrt{\pi}}\displaystyle\int_{-B_*\Psi\bar\phi}^{B_*\Psi\bar\phi}\mathrm{e}^{-t}\,\mathrm{d}t = \dfrac{A_*\Phi}{1+A_*\Phi}$ $A_* = \dfrac{a_2 a_0}{\lambda a_3}$	Φ 为推移质输沙强度函数或无量纲输沙率，Ψ 为水流强度函数，a_2、a_0、a_3 为形状系数，$\pm B_*\Psi\dfrac{1}{\eta^0}$ 表征泥沙粒径被举离床面的极限状态

表 6.1 中，Ⅰ类以流速为主要参数，认为推移质输沙强度的主要水力因素是水流流速，流速越大，输沙率越大。Ⅱ类以拖曳力为主要参数，认为输沙率取决于水流的以拖曳力，以拖曳力越大，输沙率越大。Ⅲ类依据能量平衡观点建立的，认为水流为维持泥沙处于推移状态，必然要消耗一部分有效能量。Ⅳ类依据统计法建立的，认为推移质运动和床沙起动一样，是一种随机现象。床面上的某些泥沙，在起动之后运行一段距离，重返床面，等候下一次起动，都与当时泥沙所在位置及遭遇的瞬时流速有关，因而是随机性质的。

本模型中提供了 4 个类的公式，分别为沙莫夫、梅叶-彼得、窦国仁、爱因斯坦的计算公式。

6.1.3 底床变形方程

综合考虑悬移质及推移质输沙引起的床底变形，河床总变形方程为

$$\rho_s\frac{\partial b}{\partial t} = \alpha_3\omega(\alpha_1 S - \alpha_2 S_*) + \frac{\partial g_{bx}}{\partial x} + \frac{\partial g_{by}}{\partial y} \tag{6.6}$$

6.2 数值求解

悬移质对流扩散方程的数值求解过程详见"第 4 章"相关内容。

推移质输运方程的数值求解为

$$T_i^{t+\Delta t} = T_i^t - \frac{\Delta t}{\Omega_i}\sum_{k=1}^{4}\boldsymbol{G}_{i,k}^{\mathrm{bs}}\cdot\boldsymbol{n}_{i,k}l_{i,k} \tag{6.7}$$

式中：T 为单位面积上的推移质量（kg/m²）；i 为单元编号；k 为单元边的编号；$\boldsymbol{G}^{\mathrm{bs}}$ 为边的推移质输沙通量：

$$\boldsymbol{G}_{i,k}^{\mathrm{bs}}\cdot\boldsymbol{n}_{i,k} = g_{i,k}^{\mathrm{bx}}n_{i,k}^x + g_{i,k}^{\mathrm{by}}n_{i,k}^y \tag{6.8}$$

采用显格式处理河床总变形方程：

$$b_i^{t+\Delta t} = b_i^t + \frac{1}{\rho_s} \frac{\Delta t}{\Omega_i} \left\{ \sum_{n=1}^{N} \left[\sum_{k=1}^{4} (g_{i,k}^{bx} n_{i,k}^x + g_{i,k}^{by} n_{i,k}^y) l_{i,k} + \alpha_3 \omega (\alpha_1 S - \alpha_2 S_*) \right] \Big|_i^n \right\}$$

$$(6.9)$$

式中：b 为单元中心底高程；N 为泥沙粒径分组数量；n 为泥沙粒径分组编号。

由于模型底高程定义于节点，因此，模型基于更新后的单元中心底高程，通过插值的方式更新节点高程。

6.3 关键问题的处理

6.3.1 沉速计算

6.3.1.1 黏性泥沙沉速计算

根据《河流泥沙颗粒分析规程》（SL 42—2010）规定，泥沙颗粒的分类应符合表 6.2。

表 6.2　　　　　　　　　　　　　泥沙颗粒按粒径的分类

粒径/mm	≤0.004	0.004~0.062	0.062~2.0	2.0~16.0	16.0~250	≥250
分类	黏粒	粉沙	沙粒	砾石	卵石	漂石
英文名	Clay	Slit	Sand	Gravel	Cobble	Boulder

这些分类中，黏粒（Clay）与粉沙（Slit）统称为淤泥（Mud），即粒径小于 $63\mu m$ 的泥沙。淤泥和细沙具有低沉速的特征，因而它们在沉降的过程中在水流的作用下能被输送至很远，常形成冲常泻质或悬移质。

采用河床分层模型，以床面切应力（或挟沙力模式）为控制的方式的物理过程为，絮凝→沉降→淤积→固结→水流和波浪引起的重新起悬→水流和波浪引起的冲刷→波浪引起流动化作用→滑动等。黏性淤泥在潮流和风浪作用下的基本运动过程如下：在水动力比较强时，淤泥床的表面泥沙被水流冲刷形成随水流自由运动的悬浮物，其含沙量在水中的分布比较均匀。当水动力强度减弱或悬沙随水流输运到流速较小的水域时，泥沙就开始沉降形成底部高浓度含沙层，这种高浓度含沙层一般被称做浮泥层。浮泥层可能是流动的，也可能是静止的。在静止水域，该浮泥层一般是静止不动的，在下一次潮流来临时可能再一次悬浮，或者将进一步沉降、固结，开始形成淤泥质底床。在底床完全固结前，由于波浪作用使床面流动化也可能造成冲刷。如果底床泥沙沉积、固结时间足够长，就会形成稳定的完全固结床面，一般动力条件下很难被冲刷。图 6.1 呈现了河床分为 3 层时的情形。

1. 沉速的计算

采用张瑞瑾沉速公式：

$$\omega = \sqrt{\left(13.95 \frac{\nu}{d}\right)^2 + 1.09 \frac{\gamma_s - \gamma}{\gamma} gd} - 13.95 \frac{\nu}{d}$$

$$(6.10)$$

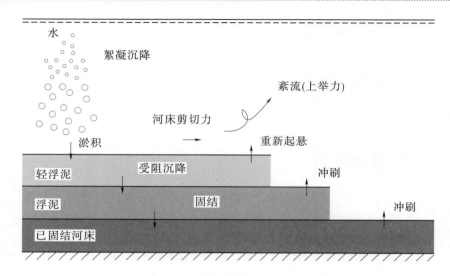

图 6.1　河床分层模型示意图

式中：ν 为运动黏滞系数，20℃水温取值 $1.003\times10^{-6}\,\mathrm{m^2/s}$；$d$ 为泥沙粒径，mm；γ 为水的比重；γ_s 为泥沙的比重，取值 $2650\mathrm{kg/m^3}$。

2. 黏性颗粒沉速的修正

黏性沙在沉降时有一些特殊的性质。由于泥沙颗粒表面的电化学作用，黏性泥沙在水中沉降时，是以絮团或絮团结合体的形式下沉的，沉速不再简单地随颗粒大小而变，而是随浑水的含沙量、含盐度、水温、沉降距离和泥沙粒径而变，影响因素较多，在水中的沉降形态和机理也较为复杂。根据实验研究，黏性泥沙在盐水中静水沉降时，含沙量的影响是最主要的。随着含沙量的不同，细颗粒泥沙在静水中的沉降大致可分为四种形式：沉速为常数→絮凝作用→受阻沉降→浮泥。当含沙量较低时，由于絮凝作用使泥沙颗粒连接成絮团而加速沉降，随着含沙量增加沉速逐渐加大；起始含沙量超过一定数值后，絮团相互连接形成的絮凝结合体规模较大，它们之间相互影响使沉速减小，含沙量对沉速的影响表现为阻滞作用，沉速随含沙量增加而迅速减小。总之，随着含沙量的增大，絮凝作用使群体沉速增大，而受阻沉降使群体沉速减小。

现行非均匀泥沙沉速公式以修正单颗粒泥沙在清水中的沉速计算公式（Richardson & Zaki 公式）为代表。关于第三种形式受阻沉降时含沙量的定量影响，方法计算如下：

对于均匀沙，标准 Richardson & Zaki 公式为 $\omega_s=\omega_0(1-c/c_{gel})^m$。

对于非均匀沙（分粒径组泥沙），Richardson & Zaki 公式可扩展为

$$\omega_s^k=\omega_0^k(1-S_v)^{m'} \tag{6.11}$$

$$S_{vm}=0.92-0.2\lg\left(\sum_{k=1}^{N_s}\frac{P_k}{d_k}\right) \tag{6.12}$$

$$C_\mu = 1 + 2.0 \left(\frac{S_v}{S_{vm}}\right)^{0.3} \left(1 - \frac{S_v}{S_{vm}}\right)^4 \tag{6.13}$$

$$\nu_m = \nu_0 \left(1 - C_\mu \frac{S_v}{S_{vm}}\right)^{-2.5} \tag{6.14}$$

式中：S_{vm}是浑水的极限浓度（体积比）；d_k、P_k分别是第k粒径组泥沙的代表粒径和重量百分比；C_μ是对浓度的修正系数；S_v是浑水的体积比含沙量；ν_m 和 ν_0 分别是浑水及同温度清水的动力黏滞系数。

3. 考虑盐度的沉速修正

由于细颗粒泥沙在盐水中发生絮凝，沉降速度与水体含盐度和含沙量有关。如珠江口这样的潮汐河口，悬移质泥沙中有很多颗粒极细的黏粒和胶粒，遇到一定含盐量的水流，便会产生絮凝现象。其泥沙的沉降速度和水体含盐度及含沙量有关。根据南科院的试验表明，含盐度在 3‰ 以下沉速增加缓慢，含盐度为 3‰～20‰，细颗粒泥沙产生絮凝，沉速增加较快，含盐度超过 20‰，沉速不再增加。

考虑珠江河口泥沙絮凝沉速的多种因子，珠江河口多因子泥沙絮凝沉速公式如下：

$C = 0$ 时，

$$\omega = \max\{0.00177(1 - 1.4189v)d_{50}^{-1.82}\omega_0[1 - (1 - 0.056S^{0.5}) \times 10^{-0.5H^{0.7}S^{0.1}}]^2,\ \omega_0\};$$

$0 < C \leqslant 20‰$时，

$$\omega = \max\{0.00177(1 - 1.4189v)(125 + 10.1C)d_{50}^{-0.93}\omega_0[1 - (1 - 0.056S^{0.5}) \\ \times 10^{-0.5H^{0.7}S^{0.1}}]^2,\ \omega_0\};$$

$C > 20‰$时，

$$\omega = \max\{0.00177(1 - 1.4189v)(630 - 15.1C)d_{50}^{-0.93}\omega_0[1 - (1 - 0.056S^{0.5}) \\ \times 10^{-0.5H^{0.7}S^{0.1}}]^2,\ \omega_0\}。$$

式中：d_{50}为泥沙中值粒径；C为含盐度，‰。

6.3.1.2　非黏性泥沙沉速计算

黏性沙与非黏性之间原理描述的最大不同，在于悬移质含沙量垂向分布。相对于非黏性沙，黏性沙因水流条件引起垂向含沙量变化所需的时间尺度较长。因此，非黏性沙主要当作推移质输运。非黏性泥沙在中值粒径等参数的确定下，根据半经验半理论公式通过计算泥沙临界起动切应力和底部泥沙浓度来确定泥沙通量。非黏性泥沙侵蚀通量将床面底部泥沙浓度与非黏性泥沙颗粒的沉速建立关系。在水体底部泥沙浓度计算中，参考高度即床面粗糙高度以下的泥沙浓度不变，为参考浓度。底部参考浓度是准确描述非黏性细泥沙作层移输运的重要因素，在一定程度上反映了非黏性沙在海床底部边界上的质量交换，体现出床面泥沙在水沙交换中的侵蚀和沉积过程。

1. 沉速的计算

泥沙颗粒个体沉速 ω_0 可根据雷诺数或粒径的大小分为三个区，其通式依次为层流区：
$$\omega_0 = \frac{(\rho_s - \rho)gd^2}{C_1 \rho \upsilon}$$

过渡区：
$$\omega_0 = -C_2 \frac{\upsilon}{d} + \sqrt{\left(C_2 \frac{\upsilon}{d}\right)^2 + C_3 \frac{\rho_s - \rho}{\rho}gd}$$

紊流区：
$$\omega_0 = C_4 \sqrt{\frac{\rho_s - \rho}{\rho}gd}$$

式中：C_1、C_2、C_3、C_4 为系数，其中 C_1、C_4 在各种沉速公式中差异不大，$C_1 = 18 \sim 25.6$，$C_4 = 1.044 \sim 1.14$。

模型可以选择使用张瑞瑾、Van Rijin 及沙玉清沉速公式：

VanRijin 沉速公式：
$$\omega_0 = \begin{cases} \dfrac{(\rho_s - \rho)gd^2}{18\rho\upsilon} & (d \leqslant 0.1\mathrm{mm}) \\ -10\dfrac{\upsilon}{d} + \sqrt{\left(10\dfrac{\upsilon}{d}\right)^2 + \dfrac{\rho_s - \rho}{\rho}gd} & (0.1\mathrm{mm} < d \leqslant 1\mathrm{mm}) \\ 1.1\sqrt{\dfrac{\rho_s - \rho}{\rho}gd} & (d > 1\mathrm{mm}) \end{cases}$$

沙玉清沉速公式：
$$\omega_{mk} = S_{am}\nu_m^{1/3}\left(\frac{\gamma_s - \gamma_m}{\gamma_m}\right)^{1/3}g^{1/3}(1 - S_v)^{4.91}$$

$$S_{am} = \exp\left[2.0303\sqrt{39 - (\lg\phi_m - 5.777)^2} - 3.665\right]$$

$$\phi_m = \frac{1}{6}\left(g\frac{\gamma_s - \gamma_m}{\gamma_m}\right)^{1/3}\upsilon^{-2/3}d_k$$

式中：ω_{mk} 为第 k 粒径组泥沙在浑水中的沉速；ν_m 为浑水的运动黏滞系数；S_{am} 分别为沉速判数；其余符号同前。

非均匀沙群体平均沉速与分组泥沙在浑水中的平均沉速的关系为

$$\omega_m = \sum_{k=1}^{N_s} P_k \omega_{mk}$$

式中：ω_m 为非均匀沙在浑水中的平均沉速；P_k 为第 k 粒径组泥沙占全沙的重量百分比；ω_{mk} 为第 k 粒径组泥沙在浑水中的平均沉速。

2. 底部参考浓度计算

比较常用的 6 种确定参考浓度计算公式，详见表 6.3。Van Rijn（1984）对细泥沙底部浓度进行过完整的数据分析，给出的参考浓度公式在不同区域中得到验证。2007 年，又通过综合各类泥沙的悬浮特征，在考虑泥沙各种因素下给出新的底沙浓度计算公式。模型中主要采用了 Van Rijn（2007）公式，即表中第 4 行公式。

$$C_a = 0.015(1 - P_{\mathrm{clay}})f_{\mathrm{silt}}\frac{d_{50}T_*^{1.5}}{aD_*^{0.3}}$$

$$a = 0.5\Delta \quad (a_{\min} = 0.01\mathrm{m})$$

式中：$D_* = d_{50}[(\rho_0/\rho - 1)g/\upsilon^2]^{1/3}$，无量纲粒子参数；$d_{50}$ 为泥沙中值粒径；P_{caly} 为泥沙中黏土含量，对于非黏性成分的泥沙，该值为 0；f_{silt} 为粉沙因子，对于非黏性成

分的粉沙计算时，取 1；$T_* = (\tau_{cw} - \tau_{bs})/\tau_{bs}$，为输运参数；$\tau_{bs}$ 为床面泥沙临界起动应力；τ_{cw} 为床面切应力；a 为床面的参考高度，为波浪与水流床面糙率值一半的大者，最小为 0.01m，$a = 0.5\max(k_{sw}, k_{sc})(a_{\min} = 0.01\text{m})$。

表 6.3 有关的底部参考浓度计算公式

编 号	作 者	底 部 参 考 浓 度
1	Van Rijn （1984）	$C_a = 0.015\dfrac{d_{50} T_*^{1.5}}{aD_*^{0.3}}$
2	Nielsen （1986）	$C_a = 0.005\theta_r^3\theta_r = \dfrac{\theta'}{(1 - \pi\eta_0/\lambda_0)^2}$
3	Zyeserman Fredsoe	$C_a = \dfrac{0.331(\theta' - \theta_c)^{1.75}}{1 + 0.72(\theta' - \theta_c)^{1.75}}$
4	Van Rijn （2007）	$C_a = 0.015(1 - P_{\text{clay}})f_{\text{silt}}\dfrac{d_{50} T_*^{1.5}}{aD_*^{0.3}}$
5	王尚毅	$C_a = \begin{cases} \min\{C_b, C_k\}, & d_{50} < 0.02\text{mm} \\ \min\{C_b, C_m\}, & d_{50} \geqslant 0.02\text{mm} \end{cases}$ $C_b = (-0.0064 + \sqrt{4.1\times10^{-5} + 0.392\tau_{cw}})/0.196$ $C_k = 15.4d_{50} + 0.07,\ C_m = 0.755 + 0.222\log_{10}d_{50}$
6	Lee	$C_a = A'\left(\theta_{sf}\dfrac{u_{sf}^*}{\omega_s}\right)^B$

注： θ' 为水流强度参数；η_0 为沙纹高度；λ_0 为沙纹波长。

6.3.2 泥沙起动条件

6.3.2.1 床面剪切应力模式下的泥沙起动

淤积和冲刷时的临界床面剪切力计算在淤泥质计算模块中占有重要的地位，有时直接关系到模型计算的成败。目前，由于缺少普遍适用和基于原理的黏性泥沙公式，模型会在一定程度上依赖于经验公式。

1. 淤积时的临界床面剪切力

淤积时的临界河床剪切力 τ_{cd} 即为床面临界起动剪切力 τ_c，主要由泥沙和絮凝的物理化学性质属性决定。

对于无黏性均匀沙，假定泥沙颗粒之间不存在黏结性，并结合对流流速分布，最后得到著名的谢尔兹（A. Shields）临界起动剪切力公式：

$$\theta_c = \frac{\tau_c}{(\rho_s - \rho)gd} = f(Re_*)$$

$$Re_* = \frac{U_* d}{\nu}$$

式中：θ_c 为无量纲临界起动剪切力，又称为 Shields 数；Re_* 为沙粒雷诺数；其余符号意义同前。泥沙起动的 Shields 曲线见图 6.2。

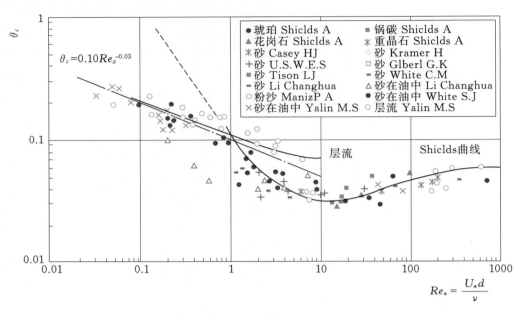

图 6.2　泥沙起动的 Shields 曲线

当前主要存在两种方法来确定黏性沙的临界起动剪切力。一种方法是 Osman 等 (1988) 提出的查图法，这种方法根据黏性沙的物理化学特性来确定其临界起动剪切力。但这种方法仅限于室内试验，要应用于天然河道计算，还要进行更多的研究。另外一种方法是建立临界起动剪切力与其他变量之间的经验关系。唐存本将重力、拖曳力、上举力及黏结力统一考虑，根据力的平衡方程式，得出了新淤黏性土的临界起动剪切力公式：

$$\tau_0 = 6.68 \times 10^2 d + \frac{3.67 \times 10^{-6}}{d}$$

式中：τ_0 的单位为 N/m^2；粒径 d 单位为 m。

杨美卿 1996 年考虑了淤泥密实度的影响，从黏性细颗粒泥沙絮凝的电化学理论出发，导出了颗粒之间黏结力的表达式，建立了统一（包括粗、细颗粒在内）的泥沙起动临界剪切力公式：

$$\tau_c = \theta_m (\rho_s - \rho) gd + \frac{A_k}{d} \left(\frac{c}{c_m}\right)^{2.35}$$

$$\theta_m = 0.015 \left(\frac{d}{v} \sqrt{\frac{\rho_s - \rho}{\rho} gd}\right)^{0.1}$$

$$c_m = \rho_s (0.92 - 0.2 \lg M)$$

式中：A_k 为系数，根据实测资料可近似取为 $9 \times 10^{-6} N/m$；c、c_m 分别为沉积物含沙量和淤泥沉淀稳定后的含沙量；θ_m 为不考虑颗粒黏结力时的临界起动希尔兹参数；

M 为淤泥的比表面积参数，$M=\sum(p_i/d_i)$，d_i、p_i 分别为第 i 粒径组泥沙的代表粒径和占全沙的重量百分比（注意 d_i 此时以 mm 计）；其余符号意义同前。

总之，淤积时的临界河床剪切力 τ_{cd} 通常被认为是一个校准参数，模型在输入该值时，利用杨美卿公式计算值，其值越大，则泥沙淤积将越多，反之则相反。

2. 冲刷时的临界床面剪切力

冲刷时的临界床面剪切力 τ_{ce} 通常大于淤积时的临界河床剪切力 τ_{cd}，并且小于冲刷时的床面剪切力 τ_b，其值主要决定于泥沙类型和河床的固结状态，比如淤泥的干密度、有机物、温度、pH、钠离子吸附比（SAR）等。模型中需要设定，下面提供两种计算公式：

Mehta（1989）通过实验得出了 τ_{ce} 与泥沙干密度 ρ_d 之间的关系：

$$\tau_{ce}=d\rho_d^3$$

Hwang 和 Mehta（1989）提出的关系：

$$\tau_{ce}=a(\rho_b-\rho_l)^b+c$$

式中：ρ_b 为泥沙湿密度，g/cm^3；参数 a、b、c 和 ρ_l 分别为 0.883、0.2、0.05 和 1.065g/cm^3；τ_{ce} 的单位为 N/m^2。

6.3.2.2 挟沙力模式下的泥沙起动

泥沙起动是由于水流相对于静止在床面上的泥沙颗粒的正面推力、上举力、泥沙颗粒在水体中重力、颗粒间的黏着力、水的下压力等各种作用力综合作用的结果。因而床面处于静止状态的泥沙颗粒，当水流强度逐渐增大到某一极值时，则开始运动，此时临界水流条件称为泥沙起动条件。

一般认为新淤黏性泥沙是在河床冲淤过程中急剧沉积下来的新淤不久的有压固结泥沙，对这样的泥沙在起动时仍然可以按单颗粒泥沙来处理，不过所承受的作用力中增加了颗粒间的黏结力，基于这种观点建立的临界条件较多，比较典型的有张瑞瑾、窦国仁等公式。

张瑞瑾公式：$U_c=\left(\dfrac{h}{d}\right)^{0.14}\left[17.6\dfrac{\rho_s-\rho}{\rho}d+0.000000605\dfrac{10+h}{d^{0.72}}\right]^{1/2}$

式中：h 为水深；d 为泥沙粒径。

窦国仁公式：$U_c=0.32\ln\left(11\dfrac{h}{k_s}\right)\left[\dfrac{\gamma_s-\gamma}{\gamma}gd+0.19\dfrac{gh\delta+\varepsilon_k}{d}\right]^{1/2}$

式中：$\delta=0.213\times10^{-4}cm$ 为薄膜水厚度；$\varepsilon_k=2.56cm^3/s^2$ 为综合黏结力参数；当 $d>0.5mm$ 时，$k_s=d$，当 $d\leqslant0.5mm$ 时，$k_s=0.5mm$。

6.3.3 水流（波浪）输沙公式

6.3.3.1 水流挟沙力公式

在泥沙输移过程中，常用水流的挟沙能力来反映河床冲淤变化强度。为了描述在一定的水流及边界条件下，水流能够携带的悬移质中的床沙质的临界含沙量，提出了水流挟沙力的概念。该问题较为复杂，涉及的水力因子较多，目前还没得到较好的解决，某些问题仍存在争议。对于河口海岸地区的挟沙力的研究主要立于实际应用，分两大类，基于潮流作用下的挟沙能力及明渠水流挟沙力公式的移植。几种常用的公式见表 6.4。

表 6.4　　　　　　　　　　　挟 沙 力 公 式

序号	作　者	公 式 结 构	备　注
1	维里坎诺夫	$S_* = k \dfrac{(\sqrt{u^2 + v^2})^3}{gh\omega}$	
2	张瑞瑾	$S_* = k \left[\dfrac{(\sqrt{u^2 + v^2})^3}{gR\omega} \right]^m$	
3	窦国仁	$S_* = \alpha_0 \left[\dfrac{(\sqrt{u^2 + v^2})^3}{gR\omega} + \beta_0 \dfrac{H_s^2}{hT_w} \right] \dfrac{\gamma_m}{\gamma_s - \gamma_m}$	
4	曹祖德	$S_* = k_0 \left[\dfrac{(\sqrt{u^2 + v^2} + \beta_0 U_w)^3}{gH\omega} \right]^{m_0}$	$U_w = \dfrac{\pi H_w}{Tsh(kH)}$

　　考虑泥沙模型的应用范围，模型中提供了后三种计算公式可供选择。其中，窦国仁依据能量叠加原理，将潮流和波浪用于悬浮泥沙的能量相加，从理论上导出了潮流和波浪共同作用下的挟沙力公式，所得规律具有普遍性，可用于不同河口和海域，模型推荐使用该公式。

6.3.3.2　推移质输沙公式

　　详见第 6.1.2 节关于推移质输沙率部分。

6.3.3.3　波浪对水流挟沙力的影响

1. 波浪作用下的挟沙力

　　在破波带内，波浪和沿岸流同时存在。暂不考虑波浪、水流相互作用对挟沙能力的影响，假定波流共存时的挟沙能力是水流和波浪的挟沙能力之和：$S_* = S_{*c} + S_{*w}$。

　　在波浪作用下挟沙力公式主要提供两种选择，即前面提到的窦国仁、曹祖德公式。

2. 起动波高及起动水深

　　与挟沙力匹配，模型选取了窦国仁、曹祖德公式相应的起动波高及起动水深。

　　曹祖德从能量守恒定律出发，认为波、流共存的能量等于波能与水流能量的和。引入微幅波理论后，由此可得出波高及水深：

$$H = Tsinh(2\pi h/L) \sqrt{u_e^2 - u_c^2}/\pi$$

$$h = Larcsh(\pi H/T/ \sqrt{u_e^2 - u_c^2})/2\pi$$

　　将通过实验资料总结得出不同流态、泥沙粒径的临界起动流速带入上式，可得起动波高及起动水深公式如下：

　　当 $Re_d < 3.2$ 时，即 $d_{50} < 0.217\text{mm}$ 时（层流边界层）

$$H = T\sinh(2\pi h/L)\sqrt{0.029d^{-0.08} - u_c^2}/\pi$$

$$h = L\text{arcsh}(\pi H/T/\sqrt{0.029d^{-0.08} - u_c^2})/2\pi$$

当 $Re_d \geqslant 3.2$ 时，即 $d_{50} \geqslant 0.217\text{mm}$ 时（过渡及紊流边界层）

$$H = T\sinh(2\pi h/L)\sqrt{270d - u_c^2}/\pi$$

$$h = L\text{arcsh}(\pi H/T/\sqrt{270d - u_c^2})/2\pi$$

式中：泥沙粒径 d 的单位为 m。

窦国仁全面分析了泥沙颗粒的受力情况，导出了适用粗、细颗粒泥沙起动的统一公式，能反映细颗粒泥沙起动流速随容重的变化，并利用国内外大量试验资料进行了验证。起动波高计算公式：

$$H_c = \frac{T}{\pi}\sinh\left(\frac{2\pi h}{L}\right)$$

$$\times \left\{\sqrt{a\left(\frac{L}{\Delta}\right)^{1/2}\left[3.6\frac{\rho_s - \rho}{\rho}gd + \beta_w\beta\frac{\varepsilon_0 + gh\delta(\delta/d)^{1/2}\delta}{d}\right] + \left(b\frac{\pi L}{T}\right)^2} - \left(b\frac{\pi L}{T}\right)\right\}$$

式中：T 为波周期；L 为波长；ε_0 为黏结力参数；β 为泥沙密实系数；β_w 为波浪密实附加系数；a、b 为常值系数，根据波浪起动试验资料确定。

6.3.3.4 波浪对推移质输沙的影响

底沙输运机理复杂，单向恒定流作用推移质输沙率研究众多，详见推移质输沙率有关公式。对波浪作用推移质输沙率的研究主要是单向恒定流情况的推广应用。

Kalkanis 根据 Einsin 床沙质函数，导出的波浪作用下的推移质输沙率函数：

$$\frac{1}{\pi\sqrt{2}}\int_0^{\pi/2}\int_{B_*\Psi\xi - \frac{1}{\eta_0}}^{\infty}e^{-m^2/2}dmd(Nt) = \frac{A_*\Phi}{1 + A_*\Phi}$$

式中：Φ 为推移质输沙强度函数或无量纲输沙率；m 为一积分变数；$\Psi = (\gamma_s - \gamma)Dg/(\lambda \cdot u_a^2)$；$A_* = 13.3$；$B_* = 13.3$；$\frac{1}{\eta_0} = 2$。

其他公式均类似，模型中提供 Kalkanis 公式进行计算。

6.3.4 起动拖曳力（床面剪切力）的计算

6.3.4.1 纯水流起动拖曳力

起动拖曳力即为泥沙处于起动状态的床面剪切力，值等于单位面积床面上的水体重量在水流方向的分力。水流运动中称为剪切力，泥沙运动中称拖曳力。

$$\tau_b = 0.5\rho f_c U^2$$

$$f_c = 2[2.5(\ln(30h/k) - 1)]^{-2}$$

式中：k 为床面糙率；f_c 为水流底摩阻系数。

6.3.4.2 纯波浪起动拖曳力

据 Soulsby 研究成果，在波浪水流边界层内近床面处存在黏性底层，厚度仅几毫米，由于床面约束和黏性的存在，流线与床面平行，水平床面上只有水平流速而无垂向流速，流速大小与床面距离呈正比。在波浪作用下，床面水质点做振荡运动，导致床面剪应力的不定常性，因此以振荡作用下床面的最大瞬时值代表其起动拖曳力。

$$\tau_w = 0.5 \rho f_w U_b^2$$

$$U_b = 2H_s / T_s \sinh^{-1}(2\pi h / L)$$

$$\begin{cases} f_w = \exp[5.213(a/k)^{-0.194} - 5.977], & 1 < a/k < 3000 \\ f_w = 0.47, & a/k \leqslant 1 \quad \text{或} \quad a/k \geqslant 3000 \end{cases}$$

$$a = H_s / \pi \sinh^{-1}(2\pi h / L)$$

$$L = gT_s^2 / 2\pi \sinh^{2/3}[2\pi(h/g)^{0.5}/T_s]^{2/3}$$

式中：U_b 为波浪水质点流速；H_s 为有效波高；T_s 为对应的周期；f_w 波浪底摩阻系数；L 为波长。

6.3.4.3　波流耦合条件下底部切应力的计算

波浪与水流共同作用下边界层内的物理过程非常复杂，不能通过对二者单独作用情况下得到的底部剪切应力进行线性叠加计算而得。二者切应力叠加后的周期变化过程，线性叠加的方法势必会引入较大的误差，因此，要准确计算波、流作用下的底部剪切应力，就必须引入适当的剪切力模型。下面介绍几种典型的底部切应力模型。

1. Grant and Madsen 模型

该理论认为，在边界层外部，流体感受的拖曳作用加强，其原因来自于以下几点：波浪作用下底部质点的轨迹速度、平均流速、波浪频率、底部糙率、波浪传播方向及水流流向之间的夹角。计算底部最大剪切应力：

$$\tau_{\max} = |\tau_b + \tau_w|$$

式中：τ_b 为水流单独作用下的底部剪切应力；τ_w 为波浪单独作用下的底部剪切应力；$\tau_{\max}$ 为波浪水流联合作用下的最大合应力。若考虑到二者之间的夹角，则

$$\tau_{\max} = \tau_w \sqrt{1 + 2\mu |\cos\phi_{uv}|^2 + \mu^2}$$

$$\mu = \tau_b / \tau_w$$

该理论对底部剪切应力的计算比较简单，单纯采用波、流二者单独作用下的线性叠加，而未考虑二者间的相互作用。

2. Soulsby 模型

Soulsby 综合了以往的研究成果，选择采用 $x = \tau_b / (\tau_w + \tau_b)$，$y = \tau_{\text{mean}} / (\tau_w + \tau_b)$，$Y = \tau_{\max} / (\tau_w + \tau_b)$。三个无量纲参数对几个典型模型进行对比，并给出 x、y、Y 的表达式：$y = x[1 + bx^p(1-x)^q]$，$Y = 1 + ax^m(1-x)^n$。通过调整参数 a、m、n、b、p、q 的值以实现不同的底部剪切力模型之间的切换。

3. 曹祖德模型

曹祖德参照 Soulsby 等人的结果，将波流共同作用下的最大底部剪切应力在波浪周期内进行平均后写为如下形式：

$$
\begin{cases}
\tau_{bx} = \dfrac{\rho g u \sqrt{u^2 + v^2}}{C_s^2} + \dfrac{\pi \rho}{8} f_w \sqrt{u_w^2 + v_w^2}\, u_w + \dfrac{B\rho}{\pi} \sqrt{2} \left(\dfrac{\rho}{C_s^2} f_w \right) \sqrt{u^2 + v^2}\, u_w \\[4mm]
\tau_{by} = \dfrac{\rho g u \sqrt{u^2 + v^2}}{C_s^2} + \dfrac{\pi \rho}{8} f_w \sqrt{u_w^2 + v_w^2}\, v_w + \dfrac{B\rho}{\pi} \sqrt{2} \left(\dfrac{\rho}{C_s^2} f_w \right) \sqrt{u^2 + v^2}\, v_w
\end{cases}
$$

式中：u_w、v_w 分别为波浪作用下底部质点运动的 x 和 y 方向上的速度分量；C_s 为谢才系数，由曼宁公计算得到；B 为水流与波浪相互作用的影响系数，该值的确定非常复杂，根据 Soulsby 的研究，它与波浪传播方向和水流流向之间的夹角有关，当二者同向时，可取 $B = 0.0917$；当二者正交时，可取 $B = -0.1983$；若二者间的夹角不确定，则可取 $B = 0.359$。

介绍的 3 种波流共同作用下的底部剪切力计算模型中，考虑到 Soulsby 提出的参数化模型使用灵活，求解无需迭代，而曹祖德的导出公式形式直观，便于理解，计算方便，模型中提供了 Soulsby、曹祖德公式可供选择。

6.3.5　床沙级配调整方程

6.3.5.1　床面切应力模型

河床有一层或者多层，每层定义了河床层内的泥沙总量、干容重、湿容重及抗冲性，且认为干容重和抗冲性在时间上不变化。但每层河床的泥沙由所有粒径组成，且量是变化的，从而反演了泥沙粒径在时空上的变化。对于河床层而已，第一层（最上层）为最弱层，由浮泥、或者新淤积泥沙组成，下面为密度及强度不断递增。如果在冲刷过程中，一层或者多层被完全侵蚀后，将变为空白层。而对于新时刻、新地点的活动层从顶端第一层开始，且不为空白层，淤积下来的泥沙落淤于最上层。

对于第 n 河床层，某网格上第 k 组粒径泥沙量按计算步长更新：

$$
m_{k,n}^t = M_{k,n}^{t-1} + (D_k - E_k)\Delta t + (V_{k,n-1} - V_{k,n})
$$

则第 n 层厚度为

$$
H_n^t = M_n^t / \rho_{d,\,n} = \sum_k M_{k,\,n}^t / \rho_{d,\,n}
$$

式中：M 为总泥沙量，$\mathrm{kg/m^2}$；H 为河床层的厚度；m 为各分组泥沙总泥沙量，$\mathrm{kg/m^2}$；D 为可能的淤积量，$\mathrm{kg/(m^2 \cdot s)}$；$E$ 为可能的侵蚀量，$\mathrm{kg/(m^2 \cdot s)}$；$V$ 为上层可能转换为下层的泥沙量，$\mathrm{kg/(m^2 \cdot s)}$。

水体中泥沙的淤积过程是指泥沙从悬沙变为底床沉积物的转换过程。当水流床面切应力小于泥沙临界淤积切应力（$\tau_b \leqslant \tau_{cd}$）时，河床发生淤积。则第 k 组粒径泥沙淤积量为：

$$
D^k = \omega_s^k S_b^k P_D^k
$$

式中：S_b^k 为第 k 组粒径泥沙近低含沙量；P_D^k 为淤积速率的斜坡函数，$P_D^k = \max[0, \min(1,\ 1 - \tau_b / \tau_{cd}^k)]$。

侵蚀是指泥沙从河床向水体转换。当水流剪切应力大于上层临界侵蚀剪切应力

（$\tau_b > \tau_{ce}$）时，被侵蚀时，侵蚀物质根据其河床分布被分散到不同泥沙粒径组内。

对于一个致密固结的河床，第 n 层的侵蚀率：

$$E^k = E_0^k (P_E^k)^{mE}$$

式中：E_0^k 为侵蚀系数；P_E^k 为侵蚀速率的斜坡函数，$P_e^k = \max(0,\ \tau_b/\tau_{ce}^k - 1)$。

对于一个软底河床，第 n 层的侵蚀率：

$$E^k = E_0^k \, e^{\alpha_E (\tau_b - \tau_a^{'})}$$

式中：α_E 为一系数。

6.3.5.2　水流挟沙力模型

河床因遭冲刷而粗化现象普遍存在，对此问题的研究成果分两类情况：一类是钱宁、杨美卿等以室内外观察资料为基础，研究床沙粗化机理，依据泥沙连续条件给出床沙组成方程；另一类是韦直林、王仕强、杨国录等为数学模型中解决河床冲刷粗化模拟而建立的床沙级配调整模拟方法。基于床沙与运动泥沙不平衡交换时同样遵守质量守恒关系的认识基础上，引入"混合层"的概念，并假设非均匀的床沙在交换层内充分掺混，建立了床沙级配变化与冲刷强度的关系。

$$\frac{\partial (H_m P_{b,k})}{\partial t} + \frac{1}{\gamma' B_m}\left(\frac{\partial G_k}{\partial x} + \frac{\partial G_k}{\partial y}\right) + \left[\varepsilon P_{b0,k} + (1-\varepsilon)P_{b,k}\right]\left(\frac{\partial Z_o}{\partial t} - \frac{\partial H_m}{\partial t}\right) = 0$$

式中：H_m 为混合层厚度；$P_{b,k}$ 为混合层床沙组成；$P_{b0,k}$ 为混合层下边界一下的床沙组成；B_m 为混合层宽度；ε 为孔隙率；其余符号同前。

在底沙级配调整方程中，将底床由上至下分成 4 层：表层为泥沙交换层，第 4 层为底层，中间两层为过渡层。悬沙与底沙的直接交换限制在交换层中，悬沙沉降和底沙再悬浮直接引起交换层中泥沙级配的调整，反过来表层的级配调整会影响挟沙力，交换层厚度在完成级配调整后，保持不变。过渡层中泥沙级配视表层的床面的冲刷或淤积相应地向下或向上移动，与表层泥沙发生交换，过渡层厚度不变，底层与过渡层相应进行级配调整，底层的厚度视表层的床面的冲刷或淤积相应地减少或增加。

设在某一时刻，各层调整前的级配为 $p_{kn}^{(0)}$，调整后的级配为 p_{kn}，该时段内冲淤厚度和第 k 组泥沙的冲淤厚度分量分别为 ΔZ_b 和 ΔZ_{kb}，则该时段末表层底面以上部分的级配变为

$$p_{kn}^{'} = (h_1 P_{kn}^{(0)} + \Delta Z_{kb})/(h_1 + \Delta Z_b)$$

对于淤积情况下

表层：
$$p_{kn} = p_{kn}^{'},\ n = 1$$

中间过渡层：
$$p_{k1} = \frac{\Delta z_b p_{k(n-1)} + (h - \Delta z_b) p_{kn}^{(0)}}{h_n},\ n = 2、3$$

底层：
$$P_{kn} = \frac{\Delta Z_b p_{k(n-1)}^0 + h_n^{(0)} P_{kn}^{(0)}}{h_n},\ h_n = h_n^0 + \Delta Z_b,\ n = 4$$

对于冲刷情况下

表层：
$$P_{kn} = \frac{(h_n + \Delta Z_b)P'_{l1} - \Delta Z_b P^{(0)}_{k(n+1)}}{h_n}, \quad n = 1$$

中间过渡层：
$$p_{k1} = \frac{(h + \Delta z_b)p^{(0)}_{kn} - \Delta Z_b P^{(0)}_{k(n+1)}}{h_n}, \quad n = 2、3$$

底层：
$$P_{kn} = P^{(0)}_{kn}; \quad h_n = h^0_n + \Delta Z_b, \quad n = 4$$

各层厚度自上向下分别为：0.05m、0.10m、0.5m、2.0m。

6.4 模型验证与应用

选择伶仃洋水域作为研究对象，在实测潮位、流速、流向、含沙量的验证基础上，针对磨刀门河口拦门沙形态，结合实测地形资料，分析 HydroMPM2D＿SED 模型计算结果合理性。

6.4.1 研究区域基本情况

6.4.1.1 水域基本情况

珠江三角洲河网纵横交错，西江、北江和东江互通，共有八大入海口，由东至西有虎门、蕉门、洪奇山、横门、磨刀山、鸡啼山、虎跳门和崖门，形成独有的"三江汇流，八口出海"的流域特色。河口水流泥沙运动十分复杂，在我国的大江大河中是十分独特的，也是世界上最复杂的河口之一。珠江河口水流和泥沙运动既受上游来水来沙的影响，又受南海上溯的潮流泥沙影响，在河口区，泥沙运动还受波浪、风、含盐度等多种因素，在风浪作用下泥沙再悬浮及其涨、落潮流作用下输移，尤其对于浅滩水域，泥沙的二次搬运现象十分突出。可见珠江河口泥沙问题包含了本次模型需要解决的问题。

磨刀门口门是珠江八大口门之重要泄洪口门，其上游为西江下游干流之磨刀门水道。西江下游河道从思贤滘西滘口起，向南偏东流至江门市新会区的天河，全长约 57.5km，称为西江干流水道；天河至新会的百顷头，长约 27.5km，称为西海水道；从百顷头至珠海洪湾企人石流入南海，长约 54km，称为磨刀门水道。西江下游河道沿程分汊，在干流段向东分出甘竹溪、东海水道，至北街、百顷头向西分出江门水道和石板沙水道、螺洲溪。

口外磨刀门浅海湾一主一支洪水通道格局已基本形成，主干为挂定角至石栏洲的磨刀门水道，于石栏洲外汇入南海；支汊洪湾水道向东延伸至马骝洲附近进入澳门浅海区，之后向东经澳门水道入伶仃洋，向南经十字门水道汇入南海。另外，经鹤洲水道－白龙河至龙屎窟也是一个出海通道，但其分流较少。浅海区内自东向西依次分布一系列的山丘、小岛，如横琴岛、横洲和三灶岛等；在口外水域交杯沙以南，分布有一东西向的成片沙脊，称为拦门沙。

6.4.1.2　水文特征

1. 径流洪水特征

根据《珠江河口综合治理规划》，1956—2000 年珠江流域多年平均径流量为 3381 亿 m³，其中西江 2301 亿 m³，北江 510 亿 m³，东江 274 亿 m³，珠江三角洲 295 亿 m³，分别占珠江流域径流总量的 68.1%、15.1%、8.1%、8.7%；珠江河口入海径流量为 3264 亿 m³。1956—2006 年资料统计表明，西江马口站多年平均径流量为 2291 亿 m³，北江三水站为 472 亿 m³。受气候变化影响，流域内降雨有丰、枯年之分，最大与最小年径流量之比为 2.6～9.8 倍，以北江径流量的年际变化最大；径流的年内分配也不均匀，每年 4—9 月为洪季，马口、三水站径流量分别占年总量的 76.9% 和 84.8%；10 月至次年 3 月为枯水期，马口、三水两站径流量分别占年总量的 23.1% 和 15.2%。

磨刀门水道主要承泄西江分往磨刀门的径流。近年来，由于人类活动及三角洲网河区自然演变的影响，网河区主要分流口水沙分配发生了较大变化，进而影响八大口门之间的水沙分配关系。根据有关研究成果，1985—2000 年珠江八大口门多年平均净泄量为 3280 亿 m³。与 1950—1980 年系列相比，注入西四口门的分流比有所减小，占珠江河口年径流量的 39.0%，其中磨刀门占 26.6%，鸡啼门、虎跳门和崖门依次占 4.0%、3.9% 和 4.5%，都有所减小；注入伶仃洋的东四口门的分流比有所加大，占珠江河口年径流量的 61.0%，其中虎门占 24.5%，增加最多。磨刀门分泄径流量仍居八口之冠，为 872 亿 m³，其他口门按大小排列分别是虎门、蕉门、横门、洪奇门、崖门、鸡啼门及虎跳门。

磨刀门径流量年内分配极不均匀，主要集中在汛期 4—9 月。磨刀门丰水期约占年内水量分配的 75.7%，枯水期约占 24.3%，其中最丰月与最枯月的净泄量分别占全年净泄量的 16.73% 和 2.36%。以丰水年与枯水年径流相比较，磨刀门径流的年际分配亦不均匀。

2. 潮汐特征

珠江河口的潮汐类型属于不正规半日潮，每一太阴日内发生两次高潮和两次低潮，潮汐日不等现象显著。根据磨刀门水道天河站和灯笼山站（1959—2000 年）及口外三灶站（1965—2002 年）的长系列资料，潮位的纵向变化规律基本为上游高于下游，最高潮位一般出现在汛期或风暴潮正面袭击时，最低潮位出现在枯季；潮差体现为下游大于上游，多年平均涨潮潮差与多年平均落潮潮差基本相等。工程附近的灯笼山站多年平均高、低潮位分别为 0.44m 和 −0.41m，最大涨潮差为 2.98m，最大落潮差为 2.74m。

磨刀门水道属于口门地区河道，多年平均落潮历时大于涨潮历时；落潮历时从上游向下游递减，涨潮历时则相反。据灯笼山站资料统计，落潮平均历时比涨潮平均历时约长 2h。

3. 潮流特征

据 1985—2000 年系列潮量成果分析，珠江八大口门多年平均涨潮量为 3500 亿 m³，多年平均落潮量为 6780 亿 m³，多年平均净泄量为 3280 亿 m³，落潮量为涨潮量的 1.94 倍。其中，磨刀门的涨潮量为 140 亿 m³，落潮量为 1012 亿 m³，分别占八大口门涨、落潮总的 4.0% 和 14.9%；与 20 世纪 80 年代前比较，涨、落潮量都有所减小。磨刀门的多年平均山潮比为 6.22，说明主要受径流控制，属于强径流作用的水道。

4. 含沙量

在珠江八大口门中，以径流为主的口门控制站含沙量较大，其中磨刀门的平均含沙量最大。1997 年 7 月 15—24 日，磨刀门灯笼山站含沙量最大值为 1.17kg/m³，期间平均含沙量为 0.40kg/m³；2005 年 6 月 23—30 日，磨刀门灯笼山站含沙量最大值为 1.80kg/m³，期间平均含沙量为 0.68kg/m³。

综上，磨刀门附近水域水沙动力环境特点包括：①当地泥沙以悬移质运动为主；②径流、波浪是磨刀门的主要动力因素；③洪、枯季泥沙输移存在较大差异，具体表现为洪季以磨刀门径流往外输沙为主，枯季泥沙运动主要为风浪作用下沿岸流西南向输沙。

6.4.2 模型范围及地形

1. 模型范围

二维模型范围涵盖了伶仃洋整个水域。上边界取自东四口门出口控制水文站，虎门水道大虎水文站、蕉门南沙站、洪奇沥冯马庙站、横门口横门站及磨刀门灯笼山站；下边界取至外海 −30m 等高线；西边界至磨刀门三灶珠海飞机场；东边界至香港水域。研究范围包括：香港水域、伶仃洋浅海区、深圳湾、澳门浅海区、磨刀门浅海区。模型区域宽约 112km，长约 125km，模拟水域面积约 7000km²。为了便于对岛屿及不规则海岸线进行精确概化，模型采用三角形网格，并在工程附近水域进行了网格加密。网格剖分见图 6.3 所示，共计 51800 个单元。网格边的最小长度为 5m，网格最小面积为 20m²。模型范围、计算网格及地形如图 6.3 所示。

2. 地形资料

伶仃洋水域水下地形及岸线均采用 2008 年实测资料，佳蓬列岛以南外海部分地形则采用 2000 年海图数据。

6.4.3 模型参数

模型参数包括以下几类：

（1）水流模型参数。水流模型计算时间步长由 CFL＝0.85 控制；曼宁糙率系数为 0.012～0.025，且一般随着水深增加而减小。

（2）盐度模型参数。盐度模型与水动力模型计算同步，即盐度模型计算时间步长等于水流模型计算时间步长；盐度扩散系数为 50～150m²/s。

（3）波浪模型参数。最大风拖曳系数取 0.0025；最大弗劳德数取 0.8；频率离散最小值取 0.055；相空间网格数量为 36；考虑风输入、白帽破碎、水深变浅引起的破碎、三波和四波非线性相互作用等物理过程。

（4）泥沙模型参数。泥沙特征粒径组数为 10，典型的特征粒径为 0.002mm、0.005mm、0.01mm、0.025mm、0.05mm、0.1mm、0.25mm、0.5mm、1.0mm、5.0mm；相应的初始典型级配为 32.0%、56.5%、76.5%、85.8%、92.7%、97.1%、99.6%、100.0%、100.0%、100.0%。需要说明的是，模型中仍考虑了其他级配情况，因此，悬沙、床沙的级配在空间上是变化的。河床被分为 4 层，从顶层至底层，各层初始厚度依次为 0.05m、0.10m、0.50m、2.0m。悬沙扩散系数取 5～20m²/s。水流挟沙力经验系数 k、m 分别取 0.013 和 0.24（水深小于或等于 1m 时）、0.08 和 0.54（水深大于 1m 且小于或等于 3m 时）、0.10 和 0.55（水深大于 3m 时）。波浪挟沙力经验系数 α_0 和 β_0 分别取 0.023 和 0.0004。为了限制最大挟沙力，设置最大水流挟沙力为 4.5kg/m³，最大波浪挟沙力为 0.5kg/m³。沉降概率 α_3 取 1.0，含沙量及挟沙力的恢复饱和系数 α_1 和 α_2 分别取 0.05 和 1.0（含沙量大于或等于挟沙力时）、0.5 和 1.0（含沙量小于挟沙力时）。

(a) 研究范围示意图(E1虎门；E2蕉门；E3洪奇门；E4横门；E5磨刀门)

图 6.3（一）　模型研究范围、网格剖分及水下地形图

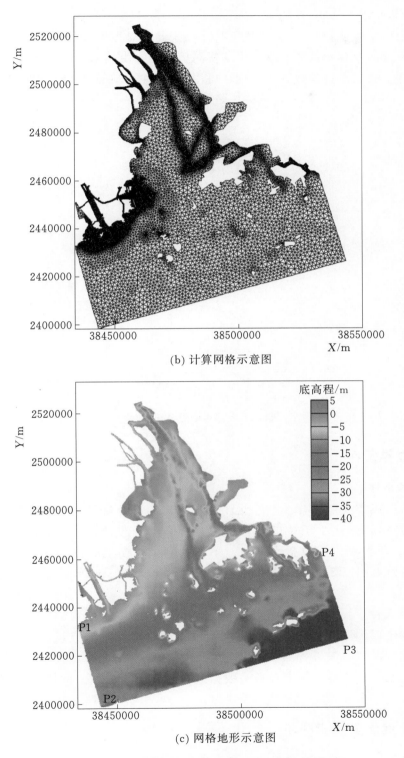

(b) 计算网格示意图

(c) 网格地形示意图

图 6.3（二） 模型研究范围、网格剖分及水下地形图

选取 1998 年 7 月 26 日 20：00 至 1998 年 7 月 27 日 21：00 的实测潮位、流速及含沙量作为模型验证数据。各实测点 V1～V9 分布见图 6.4 所示。图 6.5 给出了潮位、流速、流向及含沙量的计算结果与实测值对比。由结果对比可知，计算值与实测值吻合较好，表明模型参数基本合理，可用于伶仃洋海域的潮流泥沙模拟。

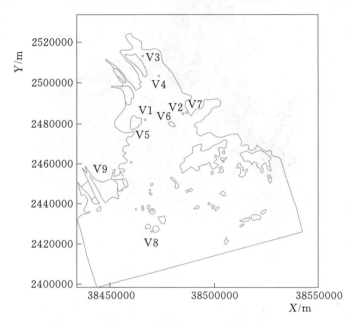

图 6.4　实测点位置分布示意图

6.4.4　边界条件

1. 水沙条件

"99·7"洪季大潮组合，上游北江三水站最大洪峰流量为 9200m³/s，接近多年平均流量 9640m³/s；西江马口站最大洪峰流量为 26800m³/s，接近多年平均流量 27600m³/s；下游潮位则包括大、中、小不同潮型；模拟时段为 1999 年 7 月 15 日 23：00 至 7 月 23 日 13：00，时段长 182h，合计 7 天半。外海潮位同样包括大、中、小不同潮型。

2. 波浪条件

采用耦合以风浪生成与演化的方向谱波浪数学模型，研究风应力、波浪对潮流运动的影响，模拟波浪破碎后沿岸流输沙过程。根据波浪站点实测资料分析，伶仃洋波浪以风浪为主，本研究中参考站数据大万山站给出模型中的风输入条件，其中，夏季（按 6、7、8 月统计）取最大风速为 3.6m/s、风向 SE。

6.4.5　计算结果对比分析

典型时刻含沙量分布计算结果对比如图 6.6 所示。结果对比表明，含沙量分布趋

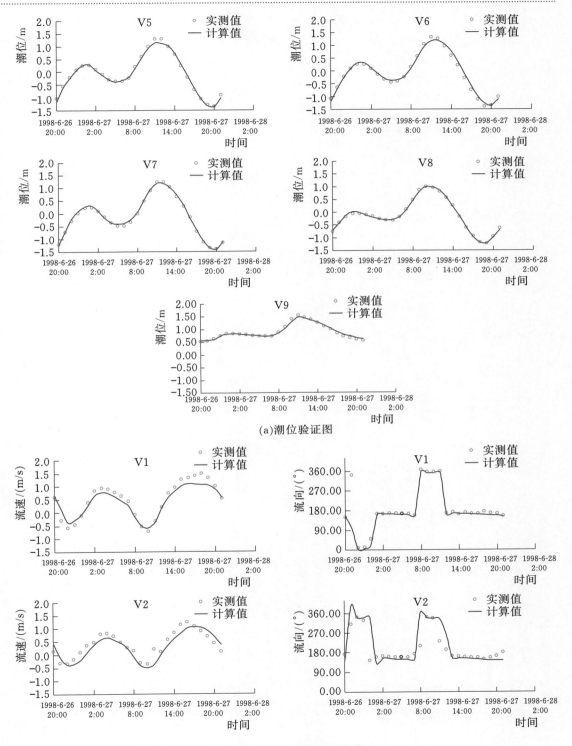

(a)潮位验证图

图 6.5（一） 模型验证结果

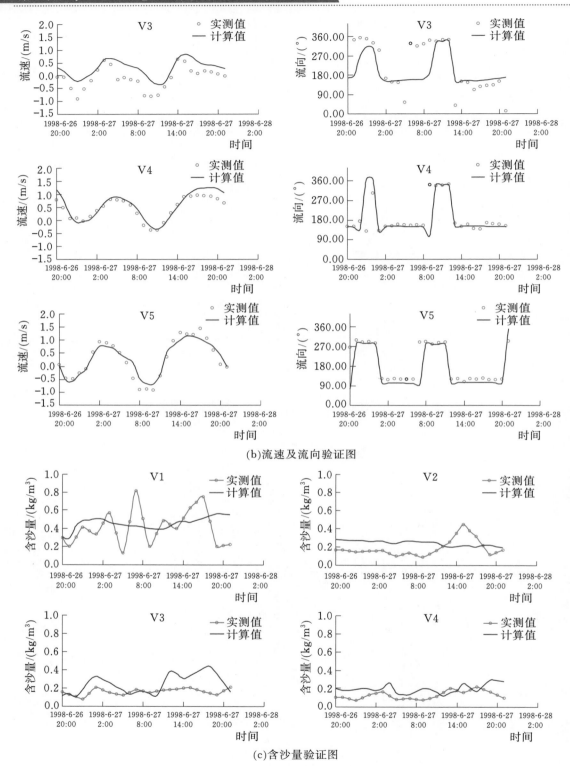

(b)流速及流向验证图

(c)含沙量验证图

图 6.5（二）　模型验证结果

(b) 模型计算结果

(a) 遥感分析成果

图 6.6 (一) 洪季涨潮典型时刻含沙量分布图

163

（b）模型计算结果

（a）遥感分析成果

图 6.6 （二）　洪季落潮典型时刻含沙量分布图

势基本一致，主要呈现特点如下：

（1）大量悬沙来自西北部口门，呈西北高、东南低，大致以伶仃浅滩—铜鼓浅滩为界，西部高达 $0.60kg/m^3$，具有自西向东和自北向南逐渐递减的趋势。

（2）由于受径流泥沙扩散的影响，含沙量中心出现在蕉门、洪奇门和横门出口一带，形成整片较高的含沙量带，其量值达到 $0.60kg/m^3$ 左右。由凫洲水道下泄的泥沙排入川鼻水道，部分进入中、东部水域；西滩的较高含沙水流越过西槽扩散至中部水域。

（3）自东槽、西槽上溯的潮流，对内伶仃洋含沙水体起到明显的稀释作用，并顶托从上游下泄的径流悬沙，使水体含沙量自北至南逐渐由 $0.2kg/m^3$ 左右减小至 $0.1kg/m^3$ 以下，矾石浅滩一带下降为 $0.05\sim0.12kg/m^3$，东槽中段下降为 $0.04\sim0.10kg/m^3$。

（4）西槽对西滩泥沙的阻隔作用非常显著，在横向分布上，西滩含沙量在 $0.2\sim0.3kg/m^3$ 左右，至西槽下降为 $0.1\sim0.2kg/m^3$。

（5）外伶仃洋因受径流悬沙影响较小，因而含沙量较低，在铜鼓浅滩附近水域，悬沙含量为 $0.04\sim0.06kg/m^3$，沙洲岛以下至大屿山西北的铜鼓海区，一般为 $0.02\sim0.06kg/m^3$。

图 6.7（a）给出了冲淤幅度计算结果；图 6.7（b）给出了基于 2005 年与 2011 年实测地形的冲淤幅度；图 6.7（c）给出了磨刀门河口拦门沙附近的 2011 年实测三维地形。

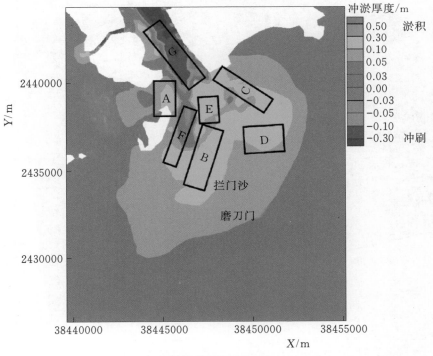

(a) 模型计算结果：冲淤幅度

图 6.7（一）　磨刀门口外拦门沙淤积形态模拟结果与实测地形对比

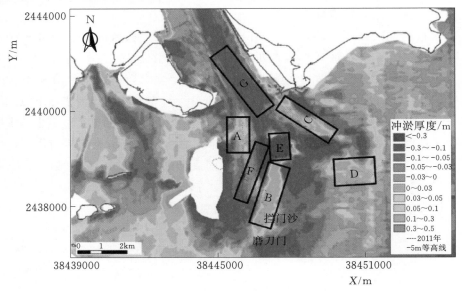

(b) 实测地形分析结果：冲淤幅度

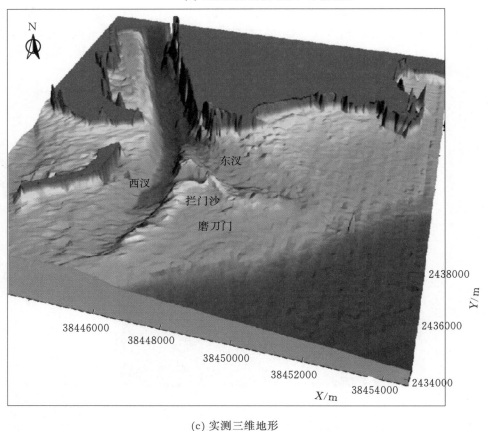

(c) 实测三维地形

图 6.7（二）　磨刀门口外拦门沙淤积形态模拟结果与实测地形对比

需要指出的是，本模型合理的模拟了磨刀门口外拦门沙形成与发育，蝴蝶形淤积形态模拟结果与实测地形较为吻合（见图6.7），符合径流、潮汐、波浪、盐度等复杂动力作用下的河口区拦门沙发育形态。

为了定量分析冲淤厚度计算结果的准确性，将磨刀门河口拦门沙附近区域分为A—G等7块区域，如图6.7（a）、（b）所示。各区域的冲淤幅度统计结果见表6.5。由表6.5可知，A、B、C、D、G区域的计算冲淤速率与实测值吻合较好。受人类采沙活动影响，E区域的实测值表明该区域冲刷幅度较大，而模型计算结果为淤积趋势。总体而言，模型计算结果基本合理。

表6.5 各区域的冲淤速率统计结果 单位：m/a

块名	A	B	C	D	E	F	G
计算值	0.1~0.3	0.1~0.3	0.1~0.3	0.1~0.3	0.1~0.3	−0.05~0.3	−0.3~−0.1
实测值	0.05~0.3	0.1~0.3	0.03~0.3	0.03~0.3	<−0.3	−0.3~−0.05	−0.3~−0.1

6.4.6 计算效率

本次计算网格共51800个，模拟时段长187h。使用普通工作站（处理器为E5−2630 2.40GHz），HydroMPM2D_SED模型同时耦合计算潮流、盐度、波浪、泥沙求解过程，共耗时约27h，表明本模型计算效率较高。

6.5 小结

HydroMPM2D_SED为基于非结构网格Godunov型有限体积法的全沙数学模型，采用水流-泥沙输运通量同步求解方法，结合MUSCL-Hancock预测-校正格式，实现了水（潮）流-盐度-波浪-泥沙耦合求解，解决了波生流、波浪破碎带及沿岸流等输沙过程模拟难题，显著提升了泥沙模型在不同河口类型的适用性。模型特色与创新包括以下内容：

（1）模拟对象：全沙模型，可分别模拟悬移质和推移质，模型适用性强。

（2）非结构网格：基于非结构网格，提高了网格生成效率和工程概化质量，复杂边界适应能力强且易于工程概化和网格加密。

（3）物质具有了守恒性：数值格式具备守恒性质，可计算强非恒定流的泥沙问题。

（4）波流耦合：可模拟波生流、波浪破碎带及沿岸流等输沙过程，解决受波浪影响的河口区发育演变、砂质岬间弧形海湾体系演变等复杂过程模拟难题。

（5）床面切应力的河床调整模式：在挟沙力模式基础上，增加切应力模式。起动条件更直接，且回归到力学问题，便于进一步探讨泥沙起动机理。

第 7 章

HydroMPM2D _ GPU 并行计算模型

　　HydroMPM2D 二维水流、泥沙、水质水生态模型求解方法属于显式计算格式，对于某个计算单元来说，仅需要与该单元相邻单元或边界的信息即可完成一个时间步长的迭代计算，因此，HydroMPM2D 模型具有较好的计算并行性。本章以 HydroMPM2D _ FLOW 二维浅水流动数学模型为例，综合考虑软件兼容性和易用性，选取 OpenACC 并行编程模式，即 OpenACC 编译器通过识别编译指导指令（导语，directive）和编译指示（子语，pragma），由编译器自动生成并行执行代码，实现 CPU - GPU 异构并行计算。

7.1　并行编程语言选择

　　在 CUDA 并行计算框架下，并行编程语言包括 CUDA C 和 CUDA Fortran。CUDA 语言编程比较繁琐，挖掘硬件性能需要很多高超的优化技巧。为了降低编程门槛，2011 年，Cray、PGI、CAPS 和英伟达 4 家公司联合推出 OpenACC1.0 编程标准；2012 年，PGI 率先推出支持 OpenACC 的编译器 PGI Accelerator with OpenACC。PGI 编译器对 OpenACC 的支持较快、较完善，该编译器大约每月更新 1 次，每个账户每半年有 1 个月的试用时间。

　　若具备较高的优化技巧和 CUDA 编程经验，采用 CUDA 语言编程的程序效率要高于 OpenACC 程序，但 CUDA 语言编程涉及繁琐的数据管理、内存分配等操作，编程难度较大。因此，考虑到代码编制的便利性，本章选择 Fortran 编程语言与 OpenACC 编译器进行并行模型代码开发。

　　OpenACC 语言专为高性能计算领域设计。与 CUDA 编程模式更偏向于硬件底层细节不同，OpenACC 并行化的方式不是重写程序，而是在满足数据管理要求的串行 C/C＋＋或 Fortran 代码上添加一些编译标记。编译标记包括编译指导指令（导语，directive）和编译指示（子语，pragma）。程序员通过编译标记将循环的信息告知 OpenACC 编译器。支持 OpenACC 的编译器能够利用这些导语和子语，自动生成并行执行代码。运行时系统通过管理并行线程和资源，实现 CPU – GPU 异构并行计算。OpenACC 编译器的执行模型是主机 CPU 指导设备 GPU 的运行。主机 CPU 负责读写数据，并控制 CPU 与 GPU 的数据传递及 GPU 运行；设备 GPU 负责执行并行计算代码区域。

针对不同类型 GPU 设备的架构设计各有差异的情况，为了提高并行编程模式的兼容性，OpenACC 定义了一个抽象的加速器模型。在该抽象模型中，主机承担直接访问主机内存、分配及释放设备内存、启动设备上的函数等功能，而设备承担直接访问设备内存、执行设备上的函数等功能。主机不能直接访问设备内存，设备也不能直接访问主机内存。

7.2 并行计算模型研究

以 HydroMPM2D＿FLOW 二维浅水流动数学模型为例，程序计算过程中，涉及大量可并行的循环运算，而这些循环运算占用了大部分计算耗时，因此，模型并行化的主要对象就是所有可并行的循环计算区域。由于 CPU 与 GPU 之间通过 PCIe 进行数据传输，而该数据传输较为耗时，因此，在模型并行化过程中，需要尽量减少 CPU 与 GPU 之间的数据传输。一种最为理想的情况是，在模型初始化时由 CPU 读取文件输入数据，并将数据传递给 GPU；然后 GPU 负责并行计算，并将最终计算结果传递给 CPU；最后，由 CPU 将计算结果数据输出至文件。在此过程中，CPU 与 GPU 仅发生了两次数据传递，最大限度减少了数据传递耗时对程序整体运行效率的影响。然而，二维浅水流动数学模型计算过程较为复杂，难以实现前述理想情况。

由 OpenACC 计算执行模型和 GPU 设备硬件特点可知，模型并行化后，即将循环体分配到多个不同线程上执行，各线程独立运行在设备的 CUDA 核心上。由于 GPU 设备的 CUDA 核心数以千计，因此，循环体中所有迭代步将同时被数量巨大的线程块执行。

综上，从程序实现角度，串行模型并行化改造工作主要包括数据管理和循环并行化两个方面。

7.2.1 CPU – GPU 异构平台上非结构数据管理方法

OpenACC 通过设备数据环境来暴露相互分离的内存。因此，需要采用一定的方法对 GPU 端数据进行组织管理。由于 CPU 与 GPU 之间通过 PCIe 接口进行数据传输，数据传递耗时、低效，因此，需要最大限度减少 CPU 与 GPU 之间的数据交换，即在 CPU 初始化完成后，在 GPU 中开辟全局变量空间，并将 CPU 全局变量值拷贝至 GPU；在 kernel 循环启动计算时，不再涉及 CPU 与 GPU 数据传递；仅在需要输出计算结果的时候，将 GPU 的水深、流速等计算结果拷贝回 CPU 主存空间。

HydroMPM2D 模型采用 declare 导语声明设备全局变量。使用 declare 导语，即

"！＄acc declare create（data array）"，程序在声明变量后的第一时间创建设备副本，只要主机副本存在，则设备副本就一直存在，直到与主机副本同时释放。采用 declare 导语声明设备全局变量后，任何通过使用 module 的程序，若循环指定为 kernels 或 parallel 并行，则相当于使用设备变量；若循环为 CPU 上运行，则相当于使用主机变量。主机变量与设备变量的值可能不一样，需要通过使用 update 导语实现主机副本或设备副本数据更新。

7.2.2　基于 OpenACC 的循环并行化实现

HydroMPM2D 采用非结构网格，无论对边的循环，还是对单元的循环，多为一维循环，因此，采用 parallel loop 导语实现循环并行化。从数据依赖性方面，循环可分为两种情况：①不存在规约及原子操作的循环；②需要进行规约的循环。图 7.1（a）、（b）分别为这两种情况的并行化实现方法。

```
Subroutine Comp1
    Use Global,only:Flo2D
    Implicit none
    Integer*4          ::i
    !$acc parallel loop present(Flo2D)
    Do i=1,edgesNum
        …
        …
        …
        …
    End do
    !$acc end parallel loop
End subroutine
```

(a) 不存在规约及原子操作的循环并行化示例

```
Subroutine Comp2
    Use Global,only:Flo2D
    Implicit none
    Integer*4          ::i
    Real*8             ::speed
    Speed=0.0d0
    !$acc parallel loop present(Flo2D)
    !$acc reduction(max:Speed)
    Do i=1,edgesNum
      Speed=max(Speed,Flo2D%Speed(i))
    End do
    !$acc end parallel loop
End subroutine
```

(b) 需要进行规约的循环

图 7.1　基于 OpenACC 的循环并行化实现示意图

7.3　高速计算方法加速性能分析

为了说明基于异构计算平台的模型加速效果，采用典型算例进行对比数值试验。分别使用 Intel Xeon CPU E5-2609 v2 @ 2.50GHz 单线程计算、专业计算显卡 Tesla K20（2496 个 CUDA 核心，时钟频率 706MHz）并行计算，对比本模型串行版本、基于 OpenACC 并行版本的计算耗时。

7.3.1 试验软硬件平台

本次对比数值试验所采用的软件和硬件平台基本参数如表7.1和表7.2所示。

表7.1　　　　　　　CPU计算的软件和硬件平台基本参数

项　目	参　数	项　目	参　数
CPU型号	Intel Xeon CPU E5 – 2609	软件开发平台	Visual studio 2015
计算线程数量	1	编译器	Intel Parallel Studio XE 2016 – Visual Fortran Compiler 16.0 Update 1
CPU主频	2.50 GHz		
操作系统	Windows 7 SP1		

表7.2　　　　　　CPU – GPU异构计算的软件和硬件平台基本参数

项　目	参　数	项　目	参　数
CPU型号	Intel Xeon CPU E5 – 2609	GPU的双精度浮点峰值	1.17Tflops
CPU线程数量	1	GPU的存储器带宽	208 GB/s
CPU主频	2.50 GHz	GPU的存储器时钟频率	5.2 GHz DDR5
GPU型号	Tesla K20	操作系统	Windows 7 SP1
GPU的CUDA核心数量	2496	软件开发平台	Visual studio 2015
GPU的时钟频率	706 MHz	编译器	PGI 2017

7.3.2 加速性能测试：典型防洪保护区溃漫堤洪水模拟

本算例为西江浔江段防洪保护区溃漫堤洪水模拟。采用一维-二维耦合水动力模型进行计算，对比二维模型CPU计算、GPU并行计算的耗时。

7.3.2.1 研究区域概况

选取珠江流域西江浔江段防洪保护区为研究区域。一维河网模型范围包括郁江（贵港站以下）、黔江（武宣站以下）、浔江（郁浔江口至梧州），以及浔江两岸的大湟江、甘王水道、白沙河、蒙江、北流河等支流（见图7.2）。二维模型范围包括浔江河段左、右岸两侧可能淹没的区域，主要县市包括平南、藤县、苍梧和梧州。二维模型研究范围约2159km^2。

7.3.2.2 模型构建

1. 一维模型构建

一维模型共设置了473个断面，断面间距500~1000m。各河道断面设置情况如表7.3所示。

2. 二维模型构建

二维研究范围包括浔江河段左、右岸两侧可能淹没的区域，主要县市包括平南、

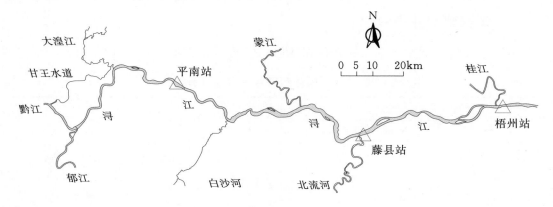

图 7.2　研究范围示意图

藤县、苍梧和梧州。结合浔江沿程 100 年一遇最高洪水位，并增加一定裕度，区域边界取相应的地形等高线进行封闭，即桂平至江口河段两侧区域取 50m 地形等高线；江口至平南河段两侧区域取 45m 地形等高线；平南至藤县河段两侧区域取 40m 地形等高线；苍梧河段两侧区域取 35m 地形等高线。最终确定二维模型研究范围约 2159km²。

表 7.3　　　　　　　　　　　一维河道断面设置情况

河　　段	断面数量/个	地形资料年份
郁江（贵港站以下）	141	2012
黔江（武宣站以下）	72	2012
浔江（郁浔江口至梧州）	171	2012
大湟江	12	2015
甘王水道	18	2015
白沙河	13	2015
蒙江	16	2015
北流河	30	2015

采用三角形网格剖分计算域，网格边长控制在 200～500m 之间，总网格数量41961 个。

基于 1:10000 的 DEM 数据，进行网格地形插值。在此基础上，结合收集到的堤顶高程资料，对堤防位置的网格节点高程进行修正，使网格节点高程与堤防高程一致。基于 1:10000 的土地利用数据，对网格的糙率系数进行分布式设定。网格及地形分别见图 7.2 和图 7.3。

研究区域内土地利用类型多且分布零散，河道、滩地、林地、草地、居民地、湖泊水域等不同区域的地形地貌不同，为保证模型计算精度，需要分别设置不同土地

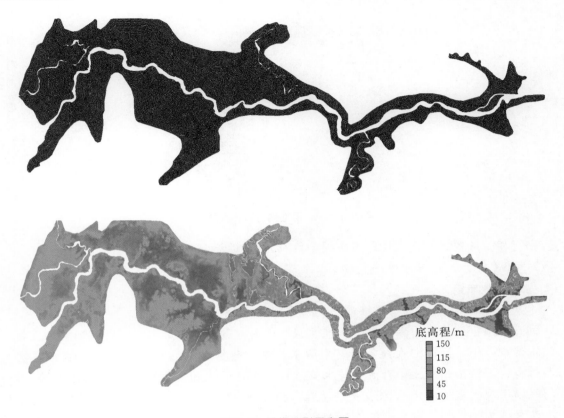

图 7.3　网格地形示意图

利用类型的糙率。此外，为模拟建筑物对洪水演进的影响，在网格尺度制约及收集到的地形难以准确代表建筑物高程的情况下，采用加大糙率的方法进行建筑物阻水效果概化。糙率取值参考见表 7.4。

表 7.4　　　　　　　　　　**糙 率 取 值 参 考 表**

下垫面	村庄	树丛	旱田	水田	道路	水面
糙率（n）	0.07	0.065	0.06	0.05	0.035	0.025

3. 一维-二维耦合模型构建

将浔江干、支流河道与左、右岸防洪保护区通过堤防进行侧向耦合，建立浔江河段防洪保护区漫堤及溃堤洪水演进计算模型，侧向耦合边界见图 7.4。

7.3.2.3　一维河网模型参数率定验证

浔江河段近 30 年来最大的洪水年份且洪水实测资料相对较全的是 1994 年、1996 年和 2005 年，大湟江口水文站最大洪峰流量分别为 49100m³/s、46849m³/s 和 41800m³/s，约相当于 20～30 年一遇设计洪峰流量。因此选用该三个场次的洪水进

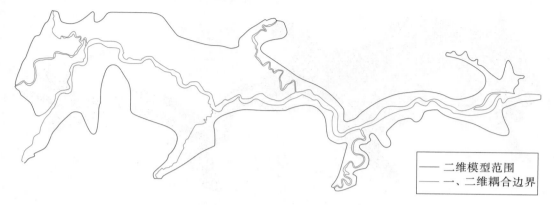

——— 二维模型范围
——— 一、二维耦合边界

图 7.4　一、二维耦合边界示意图

行率定和验证较具有代表性。本次模型计算选用 1996 年洪水进行率定，采用率定参数对 1994 年、2005 年洪水进行验证。

1. 参数率定

选用 1996 年洪水进行一维模型的参数率定。

（1）率定站点及边界条件。一维模型河段上游贵港、武宣水文站有该场洪水实测洪水要素，中游河段的大湟江口、平南水位站、藤县水位站有该场次洪水的水位实测过程，下游梧州水文站有流量及水位过程，考虑到支流区间面积所占的比重较小，浔江防洪保护区的洪水来源主要是浔江干流洪水，且支流缺少实测流量资料，支流的流量值为浔江相近频率下的支流相应洪水过程。

（2）初始条件。对于河床糙率的率定，初始值是根据本流域地形、河道情况，参考天然河流糙率表及本河段其他工程计算糙率取值，糙率初始统一取值 0.035。

（3）率定过程。模型率定的主要调整方法为：调整综合糙率曼宁系数，使大湟江口水文站、平南水位站、藤县水文站模拟水位值与实测水位值最大程度吻合。

（4）率定结果。1996 年洪水参数率定结果见图 7.5～图 7.10。

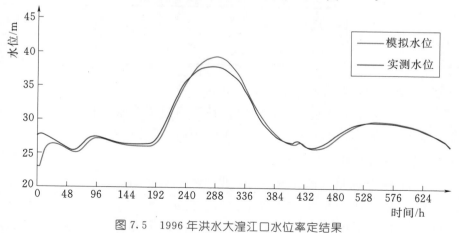

图 7.5　1996 年洪水大湟江口水位率定结果

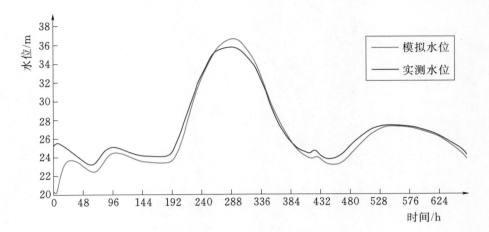

图 7.6　1996 年洪水平南水位率定结果

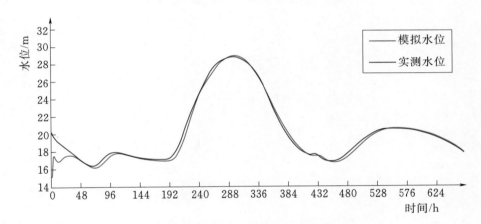

图 7.7　1996 年洪水藤县水位率定结果

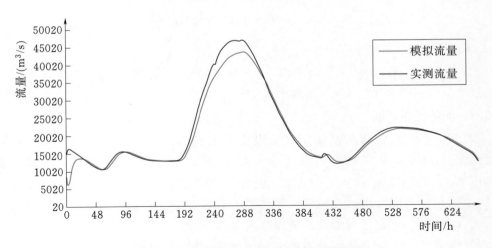

图 7.8　1996 年洪水大湟江口流量率定结果

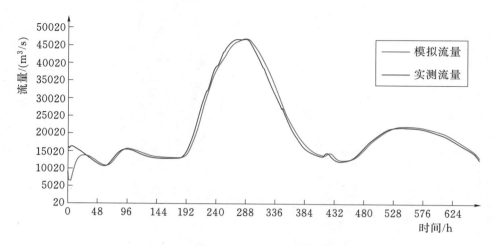

图 7.9　1996 年洪水平南流量率定结果

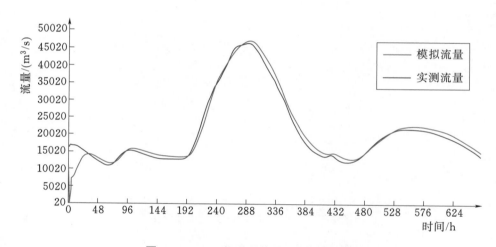

图 7.10　1996 年洪水藤县流量率定结果

2. 模型验证

参数率定后，采用 1994 年洪水和 2005 年洪水进行模型验证。1994 年洪水验证结果见图 7.11～图 7.16，2005 年洪水验证结果见图 7.17～图 7.22。

7.3.2.4　加速性能测试

本算例为西江浔江段防洪保护区溃漫堤洪水模拟。边界条件为 100 年一遇＋溃口，即黔浔江干流发生 100 年一遇设计洪水（2005 年型洪水，大湟江口洪峰流量为 48200m³/s），区间支流发生相应洪水，设置了平南县白马防洪堤、平南县城区乌江闸段防洪堤、藤县底冲堤、河西堤、苍梧县人和堤、大元堤六个溃口。模拟时段长度为 15 天（360h），武宣、贵港站的流量过程见图 7.23。

本算例考虑了不同方法组合对模型加速性能的影响，组合情况见表 7.5。

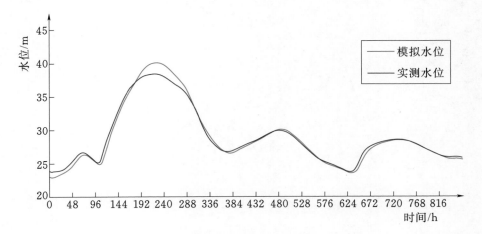

图 7.11　1994 年洪水大湟江口水位验证结果

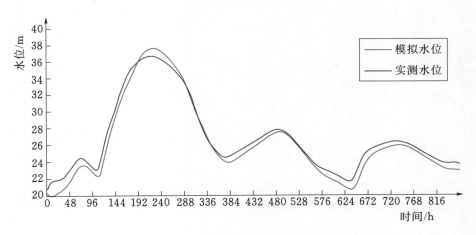

图 7.12　1994 年洪水平南水位验证结果

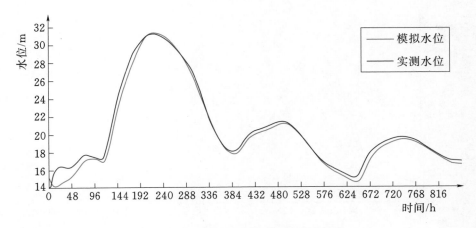

图 7.13　1994 年洪水藤县水位验证结果

177

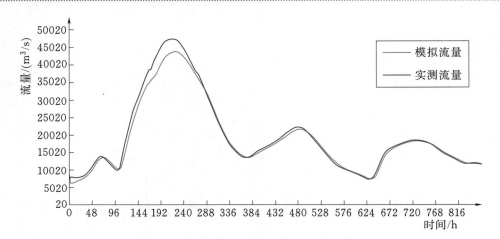

图 7.14　1994 年洪水大湟江口流量验证结果

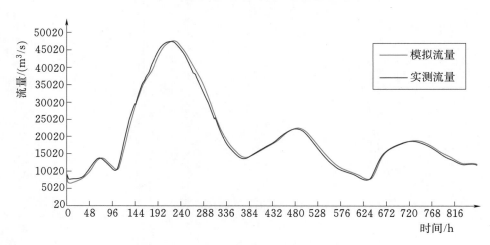

图 7.15　1994 年洪水平南流量验证结果

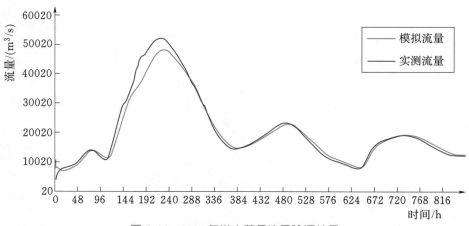

图 7.16　1994 年洪水藤县流量验证结果

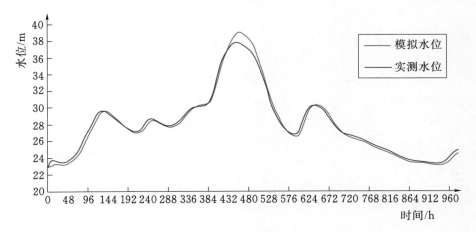

图 7.17　2005 年洪水大湟江口水位验证结果

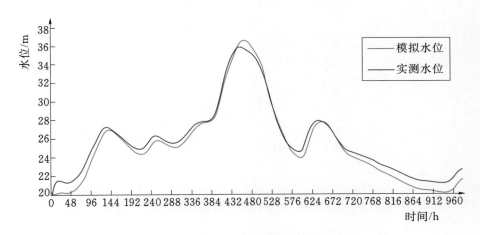

图 7.18　2005 年洪水平南水位验证结果

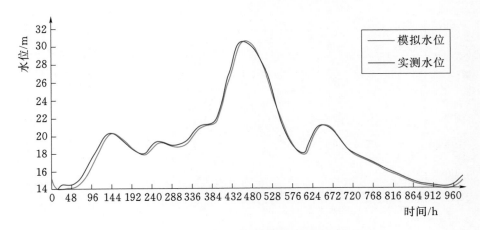

图 7.19　2005 年洪水藤县水位验证结果

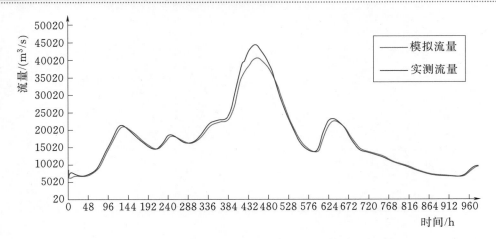

图 7.20　2005 年洪水大湟江口流量验证结果

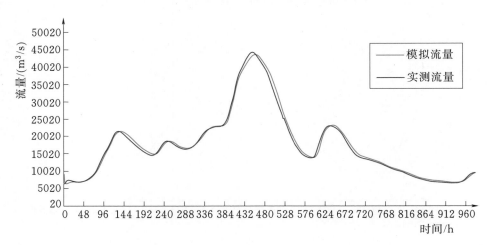

图 7.21　2005 年洪水平南流量验证结果

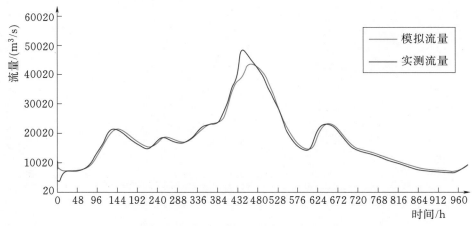

图 7.22　2005 年洪水藤县流量验证结果

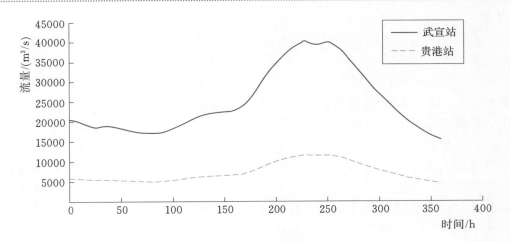

图 7.23　武宣、贵港站的流量过程

表 7.5　　　　　　　　　　　　**不同加速方法组合情况**

方法代号	低阶精度格式	有效计算单元 自适应动态调整	GPU 并行计算
A	×	×	×
B	√	×	×
C	√	√	×
D	√	×	√
E	√	√	√

注："×"代表模型无该项改进；"√"代表模型有该项改进。

不同加速方法组合后的计算耗时见表 7.6。

表 7.6　　　　　　　　　　　　**不同加速方法组合情况**

方法代号	A	B	C	D	E
计算耗时/h	4.1	2.7	0.45	0.43	0.28
加速比	1	1.52	9.11	9.53	14.64

注：加速比以方法 A 计算耗时为基准，即方法 A 计算耗时/某方法计算耗时。

由表 7.6 可知以下内容：

（1）A 与 B 对比表明，低阶精度格式较传统二阶精度格式的计算效率较高，加速比约为 1.5 倍。

（2）B 与 D 对比表明，有效计算网格数量为 41961 时，GPU 并行加速比可达 $2.7/0.43 = 6.28$ 倍，表明 GPU 在任务密集型计算中可达到较为理想的加速效果。

（3）C 与 E 对比表明，考虑有效计算单元自适应动态调整方法后，由于计算网格数量锐减，GPU 加速比仅为 $0.45/0.28 = 1.6$ 倍，表明 GPU 在计算网格数量较少的情况下，加速效果一般。

（4）B 与 C 对比表明，有效计算单元自适应动态调整方法显著提升了串行计算速度，提升效率约 2.7/0.45 ＝ 6 倍；分析其原因为：本方案网格数量为 41961，淹没范围最大时的受淹网格数量为 10410，约占总网格数量的 1/4。由于初始时刻受淹网格数量为 0，随着溃堤/漫堤洪水传播，受淹网格数量逐步增大。因此，串行计算模式下，计算单元自适应动态调整方法提升效率可达 6 倍。

（5）D 与 E 对比表明，有效计算单元自适应动态调整方法一定程度上提升了并行计算速度，提升效率约 0.43/0.28 ＝ 1.5 倍。分析其原因为：由于 GPU 适合任务密集型的计算，因此，当考虑有效计算单元自适应动态调整方法后，由于计算网格数量锐减，GPU 加速效果不显著（甚至在计算网格数量少于 1000 时 GPU 计算效率要低于 CPU 计算），因此，导致 E 相对 D 仅有 1.5 倍的加速比。

综上，同时采用本章提出的算法改进方法，可显著提升洪水演进模型计算效率，加速比达 14.64。对于本算例而言，模拟西江浔江段防洪保护区 100 年一遇洪水及溃口条件下 15 天的洪水演进过程，总耗时约 17min，满足了洪水演进高速计算需求。

7.4　小结

本章以 HydroMPM2D_FLOW 二维浅水流动数学模型为例，综合考虑软件兼容性和易用性，选取 OpenACC 并行编程模式，实现了 CPU-GPU 异构并行计算。从程序实现角度，详细介绍了数据管理和循环并行化实现方法。最后，采用典型防洪保护区溃漫堤洪水模拟算例，对模型加速性能进行了测试。测试结果表明，采用本章提出的算法改进方法，可显著提升洪水演进模型计算效率，加速比达 14.64。

第 8 章

结　　语

本书围绕二维水动力及其伴生过程耦合数值模拟，详细介绍了作者自主研发的 HydroMPM2D 数学模型体系，包括 HydroMPM2D _ FLOW（二维浅水流动数学模型）、HydroMPM2D _ SWAN（二维波流耦合数学模型）、HydroMPM2D _ AD（二维对流-扩散数学模型）、HydroMPM2D _ ECOLOGY（二维水生态多过程耦合数学模型）、HydroMPM2D _ SED（水流-盐度-波浪-泥沙耦合数学模型），以及 HydroMPM2D _ GPU（并行计算模型）。经过大量的算例验证和实践经验总结，模型具有以下几个特点：

（1）功能完善，适用范围广。模型集水流、波浪、污染物、水生态、盐度、泥沙等水动力及其伴生过程模拟于一体，可满足河湖、河口区域的相关数模业务需求。此外，泥沙模型包括淤泥模块和全沙模块，适用于不同类型的河口、海岸及冲积性、游荡性等河流的情况。

（2）计算稳定性好。水流模型是水动力及其伴生过程模拟的基础，HydroMPM2D _ FLOW 采用斜底单元处理干湿动边界问题，采用半隐式格式解决了摩阻项刚性问题，显著提升了模型的计算稳定性。

（3）计算效率较高。HydroMPM2D（二维水动力及其伴生过程耦合数学模型）在传统串行计算格式优化的基础上，选取 OpenACC 并行编程模式，实现了 CPU - GPU 异构并行计算，显著提高了模型计算效率。测试结果表明，模型加速比可达 15～30 倍。

HydroMPM2D 模型具有上述优点，但与成熟的、可推广的商业模型软件还有一定差距，尤其是在系统集成、人机交互、前后处理等方面仍存不足，较大程度上制约了自主研发模型的进一步推广。数学模型软件既是关键技术，也是核心竞争力，我们相关从业者理应肩负责任，投身于自主研发模型的事业中，研发具有自主知识产权的模型软件。笔者这些年研发的经验和研究成果仅仅只是模型软件研发工作的一个开始，随着今后计算机技术的发展和数值模拟理论的完善，自主研发的模型软件也必将会在实践中进一步成熟和完善。

参 考 文 献

［1］ 宋利祥，周建中，王光谦，等．溃坝水流数值计算的非结构有限体积模型．水科学进展，2011，22（3）：373-381．

［2］ 宋利祥，周建中，郭俊，等．复杂地形上坝堤溃决洪水演进的非结构有限体积模型．应用基础与工程科学学报，2012，20（1）：149-158．

［3］ 张大伟．堤坝溃决水流数学模型及其应用研究［博士学位论文］．北京：清华大学，2008．

［4］ 李义天，赵明登，曹志芳．河道平面二维水沙数学模型．北京：中国水利水电出版社，2002．

［5］ KATOPODES N D, STRELKOFF T. Computing two-dimensional dam-break flood waves. ASCE Journal of the Hydraulics Division, 1978, 104 (9): 1269-1288.

［6］ KATOPODES N D, STRELKOFF T. Two-dimensional shallow water-wave models. ASCE Journal of the Engineering Mechanics Division, 1979, 105 (2): 317-334.

［7］ CHANSON H. Applications of the Saint-Venant equations and method of characteristics to the dam break wave problem. Australia: Dept. of Civil Engineering, The University of Queensland. Report No. CH55/05, May 2005.

［8］ CHANSON H. Application of the method of characteristics to the dam break wave problem. IAHR Journal of Hydraulic Research, 2009, 47 (1): 41-49.

［9］ COURANT R, FRIEDRICHS K, LEWY H. On the partial difference equations of mathematical physics. Mathematische Annalen, 1928, 100: 32-74.

［10］ 江绍刚．潮流数值计算 ADI 方法的研究．海洋科学，1988，(4)：12-16．

［11］ 张华庆，陆永军，华祖林．拟合坐标下河道二维非恒定流计算．水道港口，1992，(3)：1-8．

［12］ 徐峰俊，刘俊勇．伶仃洋海区二维不平衡非均匀输沙数学模型．水利学报，2003，(7)：16-21，29．

［13］ TORO E F. Riemann solvers and numerical methods for fluid dynamics. Berlin: Springer, 1997.

［14］ TURAN B. Numerical solutions to dam break wave propagation. World Environmental and Water Resources Congress 2008: Ahupua'A, pp. 1-9, 2008.

［15］ NUJIC M. Efficient implementation of non-oscillatory schemes for the computation of free surface flows. IAHR Journal of Hydraulic Research, 1995, 33 (1): 101-111.

［16］ LOUAKED M, HANICH L. TVD scheme for the shallow water equations. IAHR Journal of Hydraulic Research, 1998, 36 (3): 363-378.

［17］ RAHMAN M, HANIF C M. Computation of flow in open-channel transitions. IAHR Journal of Hydraulic Research, 1997, 35 (2): 243-256.

[18] HAN K Y, LEE J T, PARK J H. Flood inundation analysis resulting from levee – break. IAHR Journal of Hydraulic Research, 1998, 36 (5): 747 – 759.

[19] LIE I. Well – posed transparent boundary conditions for the shallow water equations. Applied Numerical Mathematics, 2001, 38 (4): 445 – 474.

[20] BAGHLANI A, TALEBBEYDOKHTI N, ABEDINI M J. A shock – capturing model based on flux – vector splitting method in boundary – fitted curvilinear coordinates. Applied Mathematical Modelling, 2008, 32 (3): 249 – 266.

[21] REGGIO M, HESS A, ILINCA A. 3 – D Multiple – level simulation of free surface flows. IAHR Journal of Hydraulic Research, 2002, 40 (4): 413 – 423.

[22] ROE P L. Approximate Riemann solvers, parameter vectors, and difference schemes. Journal of Computational Physics, 1981, 43 (2): 357 – 372.

[23] OSHER S, SOLOMON F. Upwind difference schemes for hyperbolic conservation laws. Mathematics of Computation, 1982, 38 (158): 339 – 374.

[24] HARTEN A, LAX P D, VAN L B. On upstream differencing and Godunov – type schemes for hyperbolic conservation – laws. SIAM Review, 1983, 25 (1): 35 – 61.

[25] GODUNOV S K. A difference method for numerical calculation of discontinuous solutions of the equations of hydrodynamics. Matematicheskii Sbornik, 1959, 47: 271 – 306.

[26] ALCRUDO F, GARCIA – NAVARRO P. Flux difference splitting for 1D open channel flow equations. International Journal for Numerical Methods in Fluids, 1992, 14 (9): 1009 – 1018.

[27] GARCIA – NAVARRO P, ALCRUDO F, SAVIRON J M. 1 – D open – channel flow simulation using TVD Mac Cormack scheme. ASCE Journal of Hydraulic Engineering, 1992, 118 (10): 1359 – 1372.

[28] GLAISTER P. Prediction of supercritical flow in open channels. Computers & Mathematics with Applications, 1992, 24 (7): 69 – 75.

[29] ALCRUDO F, GARCIA – NAVARRO P. A high resolution Godunov – type scheme in finite volumes for the 2D shallow water equations. International Journal for Numerical Methods in Fluids, 1993, 16 (6): 489 – 505.

[30] 戴阳豪, 张华庆, 张征. 三角形网格的自动生成及其局部加密技术研究. 水道港口, 2012, 33 (1): 77 – 81.

[31] SONG L, ZHOU J, GUO J, et al. A robust well – balanced finite volume model for shallow water flows with wetting and drying over irregular terrain. Advances in Water Resources, 2011, 34 (7): 915 – 932.

[32] BEGNUDELLI L, SANDERS B F. Unstructured grid finite – volume algorithm for shallow – water flow and scalar transport with wetting and drying. ASCE Journal of Hydraulic Engineering, 2006, 132 (4): 371 – 384.

[33] SONG L, ZHOU J, LI Q, et al. An unstructured finite volume model for dam – break floods with wet/dry fronts over complex topography. International Journal for Numerical Methods in Fluids, 2011, 67 (8): 960 – 980.

［34］ YOON T H, KANG S K. Finite volume model for two‐dimensional shallow water flows on unstructured grids. ASCE Journal of Hydraulic Engineering, 2004, 130 (7): 678‐688.

［35］ ZHAO D H, SHEN H W, LAI J S, et al. Approximate Riemann solvers in FVM for 2D hydraulic shock wave modeling. ASCE Journal of Hydraulic Engineering, 1996, 122 (12): 692‐702.

［36］ 岳志远, 曹志先, 李有为, 等. 基于非结构网格的非恒定浅水二维有限体积数学模型研究. 水动力学研究与进展 A 辑, 2011, 26 (3): 359‐367.

［37］ 夏军强, 王光谦, Lin B L, 等. 复杂边界及实际地形上溃坝洪水流动过程模拟. 水科学进展, 2010, 21 (3): 289‐298.

［38］ 艾丛芳, 金生. 基于非结构网格求解二维浅水方程的高精度有限体积方法. 计算力学学报, 2009, 26 (6): 900‐905.

［39］ 潘存鸿. 三角形网格下求解二维浅水方程的和谐 Godunov 格式. 水科学进展, 2007, 18 (2): 204‐209.

［40］ 王鑫, 曹志先, 岳志远. 强不规则地形上浅水二维流动的数值计算研究. 水动力学研究与进展 A 辑, 2009, 24 (1): 56‐62.

［41］ LIANG Q, BORTHWICK A G L. Adaptive quadtree simulation of shallow flows with wet‐dry fronts over complex topography. Computers & Fluids, 2009, 38 (2): 221‐234.

［42］ LIANG Q, MARCHE F. Numerical resolution of well‐balanced shallow water equations with complex source terms. Advances in Water Resources, 2009, 32 (6): 873‐884.

［43］ 张大伟, 王兴奎, 李丹勋. 建筑物影响下的堤坝溃决水流数值模拟方法. 水动力学研究与进展 A 辑, 2008, 23 (1): 48‐54.

［44］ 王志力, 耿艳芬, 金生. 具有复杂计算域和地形的二维浅水流动数值模拟. 水利学报, 2005, 36 (4): 439‐444.

［45］ ZHAO D H, SHEN H W, TABIOS III G Q, et al. Finite‐volume two‐dimensional unsteady‐flow model for river basins. ASCE Journal of Hydraulic Engineering, 1994, 120 (7): 863‐883.

［46］ GEORGE D L. Augmented Riemann solvers for the shallow water equations over variable topography with steady states and inundation. Journal of Computational Physics, 2008, 227 (6): 3089‐3113.

［47］ BERMUDEZ A, VAZQUEZ M E. Upwind methods for hyperbolic conservation laws with source terms. Computer & Fluids, 1994, 23 (8): 1049‐1071.

［48］ LEVEQUE R J. Balancing source terms and flux gradients in high‐resolution Godunov methods: the quasi‐steady wave‐propagation algorithm. Journal of Computational Physics, 1998, 146 (1): 346‐365.

［49］ ZHOU J G, CAUSON D M, MINGHAM C G, et al. The surface gradient method for the treatment of source terms in the shallow‐water equations. Journal of Computational Physics, 2001, 168 (1): 1‐25.

[50] VALIANI A，BEGNUDELLI L. Divergence form for bed slope source term in shallow water equations. ASCE Journal of Hydraulic Engineering，2006，132（7）：652 – 665.

[51] BEGNUDELLI L，VALIANI A，SANDERS B F. A balanced treatment of secondary currents，turbulence and dispersion in a depth – integrated hydrodynamic and bed deformation model for channel bends. Advances in Water Resources，2010，33（1）：17 – 33.

[52] BEGNUDELLI L，SANDERS B F，BRADFORD S F. Adaptive Godunov – based model for flood simulation. ASCE Journal of Hydraulic Engineering，2008，134（6）：714 – 725.

[53] BEGNUDELLI L，SANDERS B F. Conservative wetting and drying methodology for quadrilateral grid finite – volume models. ASCE Journal of Hydraulic Engineering，2007，133（3）：312 – 322.

[54] SANDERS B F. Integration of a shallow water model with a local time step. IAHR Journal of Hydraulic Research，2008，46（4）：466 – 475.

[55] LIANG Q，BORTHWICK A G L，STELLING G. Simulation of dam – and dyke – break hydrodynamics on dynamically adaptive quadtree grids. International Journal for Numerical Methods in Fluids，2004，46（2）：127 – 162.

[56] XIA J，LIN B，FALCONER R A，et al. Modelling dam – break flows over mobile beds using a 2D coupled approach. Advances in Water Resources，2010，33（2）：171 – 183.

[57] BABARUTSI S，CHU V H. A two – length – scale model for quasi – two – dimensional turbulent shear flows. In：Proceedings of the 24th congress of the IAHR，vol. C，Madrid，Spain. International Association for Hydraulic Research，1991，51 – 60.

[58] TORO E F. Shock – capturing methods for free – surface shallow flows. Chichester：John Wiley & Sons，2001.

[59] LEVEQUE R J. Finite volume methods for hyperbolic problems. Cambridge：Cambridge University Press，2002.

[60] 李庆扬，王能超，易大义. 数值分析. 第 5 版. 北京：清华大学出版社，2008.

[61] LIANG Q. Flood simulation using a well – balanced shallow flow model. ASCE Journal of Hydraulic Engineering，2010，136（9）：669 – 675.

[62] ZIJLEMA M，G Ph VAN VLEDDER，HOLTHUIJSEN L H. Bottom friction and wind drag for wave models. Coastal Engineering，2012，65：19 – 26.

[63] 徐福敏，张长宽，陶建峰. 浅水波浪数值模型 SWAN 的原理及应用综述. 水科学进展，2004，15（4）：538 – 542.

[64] 史剑，王璞，钟中，等. 两种网格下的 SWAN 模式对黄渤海海浪模拟比较. 海洋预报，2011，28（4）：48 – 57.

[65] 夏波，张庆河，蒋昌波. 基于非结构网格的波流耦合数值模式研究. 海洋与湖沼，2013，44（6）：1451 – 1456.

[66] 李大鸣，李杨杨，潘番. 渤海湾二维温带风暴潮与波浪耦合数学模型. 上海交通大学学报，2015，49（5）：730 – 736.

[67] 朱志夏. 非结构化网格嵌套波浪数值模拟. 上海交通大学学报，2016，50（1）：152 –

157，164.

[68] ZIJLEMA M. Computation of wind – wave spectra in coastal waters with SWAN on un-structured grids . Coastal Engineering，2010，57：267 – 277.

[69] GEORGE M. The Three – Dimensional Current and Surface Wave Equations. Journal of Physical Oceanography，2003，33：1978 – 1989.

[70] 杨静思 . 波流实时耦合模式的建立及应用 . 天津：天津大学，2012.

[71] 王平 . 非结构波流耦合模型及近岸物质输运应用研究 . 大连：大连理工大学，2014.

[72] 赵长进，葛建忠，丁平兴 . 长江口及其邻近海区无结构网格风暴潮预报系统的研制与分析 . 海洋科学进展，2015，33（2）：182 – 194.

[73] 赵理工，梁书秀 . 波流耦合作用下台风浪的模拟 . 中国水运，2016，16（6）：100 – 103.

[74] OZER J，PADILLA – HERNANDEZ R，MONBALIU J. A coupling module for tides，surges and waves . Coastal Engineering，2000，41：95 – 124.

[75] ROLAND A，CUCCO A，FERRARIN C，et al. On the development and verification of a 2 – D coupled wave – current model on unstructured meshes . Journal of Marine Systems，2009，78：S244 – S254.

[76] SEBASTIAN A，PROFT J，DIETRICH J C，et al. Characterizing hurricane storm surge behavior in Galveston Bay using the SWAN ＋ ADCIRC model . Coastal Engineering，2014，88：171 – 181.

[77] XIE D，ZOU Q，CANNON J W. Application of SWAN ＋ ADCIRC to tide – surge and wave simulation in Gulf of Maine during Patriot's Day storm . Water Science and Engineering，2016，9（1）：33 – 41.

[78] DIETRICH J C，ZIJLEMA M，WESTERINK J J，et al. Modeling hurricane waves and storm surge using integrally – coupled，scalable computations . Coastal Engineering，2011，58（1）：45 – 65.

[79] JIA L，WEN Y，PAN S，et al. Wave – current interaction in a river and wave dominant estuary：A seasonal contrast . Applied Ocean Research，2015，52：151 – 166.

[80] 武海浪，陈希，陈徐均，等 . 近岸港口风暴潮与台风浪相互作用的数值模拟 . 解放军理工大学学报（自然科学版），2015，16（4）：360 – 367.

[81] The SWAN team. SWAN Scientific and Technical Documentation（SWAN Cycle Ⅲ version 41.10）.2016.

[82] 宋利祥，杨芳，胡晓张，等 . 感潮河网二维水流-输运耦合数学模型 . 水科学进展，2014，25（4）：550 – 559.

[83] ZHOU J Z，SONG L X，KURSAN S，et al. A two – dimensional coupled flow – mass transport model based on an improved unstructured finite volume algorithm. Environmental Research，2015，139（SI）：65 – 74.

[84] 王志力，陆永军，耿艳芬 . 基于非结构网格有限体积法的二维高精度物质输运模拟 . 水科学进展，2008，19（4）：531 – 536.

[85] 耿艳芬，王志力，陆永军 . 基于无结构网格单元中心有限体积法的二维对流扩散方程离散 . 计算物理，2009，26（1）：17 – 26.

［86］ BENKHALDOUN F，ELMAHI I，SEAID M. Well－balanced finite volume schemes for pollutant transport by shallow water equations on unstructured meshes．Journal of Computational Physics，2007，226（1）：180－203.

［87］ 赵棣华，戚晨，庾维德，等．平面二维水流-水质有限体积法及黎曼近似解模型．水科学进展，2000，11（4）：368－374.

［88］ 赵棣华，姚琪，蒋艳，等．通量向量分裂格式的二维水流-水质模拟．水科学进展，2002，13（6）：701－706.

［89］ 赵棣华，李提来，陆家驹．长江江苏段二维水流-水质模拟．水利学报，2003，（6）：72－78.

［90］ 丁玲，逄勇，赵棣华，等．通量差分裂格式的二维水流水质计算的适用性分析．水科学进展，2004，15（5）：561－565.

［91］ 毕胜，周建中，陈生水，等．Godunov格式下高精度二维水流-输运耦合模型．水科学进展，2013，24（5）：706－714.

［92］ 邵军荣，吴时强，周杰，等．二维输运方程高精度数值模拟．水科学进展，2012，23（3）：383－389.

［93］ 陈文龙，徐峰俊．市桥河水系水闸群联合调度对改善水环境的分析探讨．人民珠江，2007，（5）：79－81.

［94］ 胡晓张，宋利祥，杨芳，等．浅水湖泊水生态数学模型研究及应用．水动力学研究与进展A辑，2017，32（2）：247－252.

［95］ 翁白莎，严登华，赵志轩，等．人工湿地系统在湖泊生态修复中的作用．生态学杂志，2010，29（12）：2514－2520.

［96］ 胡志新，胡维平，张发兵，等．太湖梅梁湾生态系统健康状况周年变化的评价研究．生态学杂志，2005，24（7）：763－767.

［97］ 牛志广，王秀俊，陈彦熹．湖泊的水生态模型．生态学杂志，2013，32（1）：217－225.

［98］ 姜锦林，宋睿，任静华，等．蓝藻水华衍生的微囊藻毒素污染及其对水生生物的生态毒理学研究．化学进展，2011，23（1）：246－253.

［99］ VOLLENWEIDER R. The scientific basis of lake eutrophication with particular reference to phosphorus and nitrogen as eutrophication factors．Tech Rep DAS /DSI，1968，27：68－77.

［100］ SALACINSKA K，SERAFY G，LOS F，et al. Sensitivity analysis of the two dimensional application of the generic ecological model（GEM）to algal bloom prediction in the North Sea．Ecological Modeling，2010，221（2）：178－190.

［101］ REYNOLDS C，IRISH A，ELLIOTT J. The ecological basis for simulating phytoplankton responses to environmental change（PROTECH）．Ecological Modeling，2001，140：271－291.

［102］ CHEN C. Concepts and Utilities of Ecologic Model．Journal of the Sanitary Engineering Division ASCE，1970，96：1085－1097.

［103］ JØRGENSEN S，MEJER H，FRIIS M. Examination of a lake model．Ecological Modelling，1978，4（s 2－3）：253－278.

［104］ 谢湉，王平，田炜，等．湖泊富营养化评价模型的发展和应用．环境科学与管理，2009，34（5）：22－26.

［105］ 贾鹏，王庆改，周俊，等．地表水环评数值模拟精细化研究．环境影响评价，2015，37（1）：51－54.

［106］ WOOL T，AMBROSE R，MARTIN J，et al. Water Quality Analysis Simulation Program（WASP）version 6.0 draft：user's manual. US EPA，2001.

［107］ HU X Z，YANG F，SONG L X，et al. An Unstructured－Grid Based Morphodynamic Model for Sandbar Simulation in the Modaomen Estuary，China. Water，2018，10，611；doi：10.3390/w10050611.

［108］ PRICE T D，RUESSINK B G. State dynamics of a double sandbar system. Continental Shelf Research，2011，31（6）：659－674.

［109］ DUBARBIER B，CASTELLE B，MARIEU V，et al. Process－based modeling of cross－shore sandbar behavior. Coastal Engineering，2015，95：35－50.

［110］ SYED Z H，CHOI G，BYEON S. A numerical approach to predict water levels in ungauged regions－case study of the Meghna River Estuary，Bangladesh. Water，2018，10（2），110.

［111］ GALLAGHER E L，STEVE E，GUZA R T. Observations of sand bar evolution on a natural beach. Journal of Geophysical Research Oceans，1998，103（C2）：3203－3215.

［112］ RUESSINK B G，PAPE L，TURNER I L. Daily to interannual cross－shore sandbar migration：observations from a multiple sandbar system. Continental Shelf Research，2009，29（14）：1663－1677.

［113］ PLANT N G，TODD H K，HOLMAN R A. A dynamical attractor governs beach response to storms. Geophysical Research Letters，2006，33（17）：123－154.

［114］ PAPE L，KURIYAMA Y，RUESSINK B G. Models and scales for cross－shore sandbar migration. Journal of Geophysical Research Earth Surface，2010，115（F03043）.

［115］ RUESSINK B G，KURIYAMA Y，RENIERS A J H M，et al. Modeling cross－shore sandbar behavior on the timescale of weeks. Journal of Geophysical Research Earth Surface，2007，112（F03010）.

［116］ RUGGIERO P，WALSTRA D J R，GELFENBAUM G，et al. Seasonal－scale nearshore morphological evolution：Field observations and numerical modeling. Coastal Engineering，2009，56（11－12）：1153－1172.

［117］ WALSTRA D J R，RENIERS A J H M，RANASINGHE R，et al. On bar growth and decay during interannual net offshore migration. Coastal Engineering，2012，60（2）：190－200.

［118］ KURIYAMA Y. Process－based one－dimensional model for cyclic longshore bar evolution. Coastal Engineering，2012，62（4）：48－61.

［119］ HAYTER E J，MEHTA A J. Modelling cohesive sediment transport in estuarial waters. Applied Mathematical Modelling，1986，10（4）：294－303.

[120] SANTORO P, FOSSATI M, TASSI P, et al. A coupled wave – current – sediment transport model for an estuarine system: Application to the Río de la Plata and Montevideo Bay. Applied Mathematical Modelling, 2017, 52: 107 – 130.

[121] ZHU Z N, WANG H Q, GUAN W B, et al. 3Dnumerical studyon cohesive sediment dynamics of the Pearl River Estuaryin the wet season. Journal of Marine Sciences, 2013, 31 (3): 25 – 35.

[122] YIN K, XU S, HUANG W. Modeling sediment concentration and transport induced by storm surge in Hengmen Eastern Access Channel. Natural Hazards, 2016, 82 (1): 617 – 642.

[123] CHEN X H, CHEN Y Q, LAI G Y. Modeling of the transport of suspended solids in the Estuary of Zhujiang River. Acta Oceanologica Sinica, 2003, 25 (2): 120 – 127.

[124] DOU G, DONG F, DOU X, et al. Research on mathematical model of estuarial and coastal sediment transport. Science in China (Series A), 1995, 25 (9): 995 – 1001.

[125] TAN G M, FANG H W, DEY S, et al. Rui – Jin Zhang's research on sediment transport. ASCE Journal of Hydraulic Engineering, 2018, 144 (6): 02518002.

[126] RICHARDSON J F, ZAKI W N. Sedimentation and fluidization: part I. Transactions of the Institution of Chemical Engineers, 1954, 32: 35 – 53.

[127] DENG J, DENG H. Study on Water – sediment Transport and River – bed Evolution at Pearl River Estuary. In Proc. of the 5th International Conference on Estuaries and Coasts (ICEC – 2015). Muscat, Oman, 2015.

[128] DOU G, DONG F, DOU X. Sediment – laden capacity of tide and wave. Journal of Since report, 1995, 40 (5): 443 – 446.

[129] WU W, HU C, YANG G. Two – dimensional horizontal mathematical model for flow and sediment. Chinese Journal of Hydraulic Engineering, 1995, (10): 40 – 46.

[130] ZHOU Q, TIAN L, WAI O W H, et al. High – Frequency Monitoring of Suspended Sediment Variations for Water Quality Evaluation at Deep Bay, Pearl River Estuary, China: Influence Factors and Implications for Sampling Strategy. Water, 2018, 10 (3), 323.

[131] DENG J, DING X. An analysis on the movement of the tide, sediment and salinity at the Pearl River Estuary. In Proc. of the 4th International Conference on Estuaries and Coasts (ICEC – 2012). Hanoi, Vietnam, 2012.

[132] VINH V D, OUILLON S, THAO N V, et al. Numerical simulations of suspended sediment dynamics due to seasonal forcing in the Mekong coastal area. Water, 2016, 8, 255.

[133] SADIO M, ANTHONY E J, DIAW A T, et al. Shoreline changes on the wave – influenced Senegal River Delta, West Africa: The roles of natural processes and human interventions. Water, 2017, 9, 357.

[134] HU X Z, SONG L X. Hydrodynamic modeling of flash flood in mountain watersheds based on high – performance GPU computing. Natural Hazards, 2018, 91 (2): 567 – 586.

［135］ GRACIA V, GARCÍA M, GRIFOLL M, et al. Breaching of a barrier under extreme events. The role of morphodynamic simulations. Journal of Coastal Research, 2013, 65 (sp1): 951 – 956.

［136］ SÁNCHEZ – ARCILLA CONEJO A, GRACIA V, GARCÍA M. Hydro morphodynamic modelling in Mediterranean storms: errors and uncertainties under sharp gradients. Natural Hazards and Earth System Sciences, 2014, 2 (2): 1693 – 1728.

［137］ 何沧平. OpenACC 并行编程实战. 北京: 机械工业出版社, 2017.

［138］ ELFEKI A, MASOUD M, NIYAZI B. Integrated rainfall – runoff and flood inundation modeling for flash flood risk assessment under data scarcity in arid regions: Wadi Fatimah basin case study, Saudi Arabia. Natural Hazards, 2017, 85: 87 – 109.

［139］ GIAMMARCO P D, TADINI E, LAMBERTI P. A conservative finite element approach to overland flow: The control volume finite element formulation. Journal of Hydrology, 1996, 175 (1 – 4), 267 – 291.

［140］ GUINOT V, SANDERS B F, SCHUBERT J E. Dual integral porosity shallow water model for urban flood modeling. Advances in Water Resources, 2017, 103: 16 – 31.

［141］ HERDMAN J A, GAUDIN W P, MCINTOSH – SMITH S, et al. Accelerating hydrocodes with OpenACC, OpenCL and CUDA. SC Companion: High Performance Computing, Networking, Storage and Analysis. IEEE Computer Society, 2012, 465 – 471.

［142］ HUANG G. Physics based, integrated modeling of hydrology and hydraulics at watershed scales. PhD thesis, 2006, The Pennsylvania State University.

［143］ HUBBARD M E. Multidimensional slope limiters for MUSCL – type finite volume schemes on unstructured grids. Journal of Computational Physics; 1999, 155 (1): 54 – 74.

［144］ IWAGAKI Y. Fundamental studies on the runoff by characteristics. Bulletins – Disaster Prevention Research Institute, Kyoto University, 1955, 10: 1 – 25.

［145］ KIM B, SANDERS B F, SCHUBERT J E, et al. Mesh type tradeoffs in 2D hydrodynamic modeling of flooding with a Godunov – based flow solver. Advances in Water Resources, 2014, 68: 42 – 61.

［146］ KOURGIALAS N N, KARATZAS G P, NIKOLAIDIS N P. Development of a thresholds approach for real – time flash flood prediction in complex geomorphological river basins. Hydrological Processes, 2012, 26: 1478 – 1494.

［147］ LAI W, KHAN A A. A parallel two – dimensional discontinuous galerkin method for shallow – water flows using high – resolution unstructured meshes. Journal of Computing in Civil Engineering, 2016, 31 (3): 04016073.

［148］ LIAN J, YANG W, XU K, et al. Flash flood vulnerability assessment for small catchments with a material flow approach. Natural Hazards, 2017, 88: 699 – 719.

［149］ LIANG Q, XIA X, HOU J. Catchment – scale high – resolution flash flood simulation using the GPU – based technology. Procedia Engineering, 2016, 154: 975 – 981.

［150］ LIU W, CHEN W, HSU M, et al. Dynamic routing modeling for flash flood forecast in river system. Natural Hazards, 2010, 52: 519 – 537.

[151] PENDER G, CAO Z, ZHANG S, et al. Hydrodynamic modelling in support of flash flood warning. Water Management, 2010, 163 (7): 327 – 340.

[152] SANDERS B F, SCHUBERT J E, DETWILER R L. ParBreZo: a parallel, unstructured grid, Godunov – type, shallow – water code for high – resolution flood inundation modeling at the regional scale. Advances in Water Resources, 2010, 33 (12): 1456 – 1467.

[153] SINGH J, ALTINAKAR M S, DING Y. Numerical modeling of rainfall – generated overland flow using nonlinear shallow – water equations. ASCE Journal of Hydraulic Engineering, 2015, DOI: 10.1061/ (ASCE) HE. 1943 – 5584. 0001124.

[154] SINGH V P. Kinematic wave modeling in water resources: Surface – water hydrology, Wiley, New York, 1996.

[155] TAO J, BARROS A P. Prospects for flash flood forecasting in mountainous regions – An investigation of Tropical Storm Fay in the Southern Appalachians. Journal of Hydrology, 2013, 506: 69 – 89.

[156] TSAI T L, YANG J C. Kinematic wave modeling of overland flow using characteristics method with cubic – spline interpolation. Advances in Water Resources, 2005, 28 (7): 661 – 670.

[157] WANG X, SHANGGUAN Y, ONODERA N, et al. Direct numerical simulation and large eddy simulation on a turbulent wall – bounded flow using lattice Boltzmann method and multiple GPUs. Mathematical Problems in Engineering, 2014, 2014: 742432.

[158] YANG L, SMITH J A, BAECK M L, et al. Flash flooding in small urban watersheds: Storm event hydrologic response. Water Resources Research, 2016, 52: 4571 – 4589.

[159] ZENG Z, TANG G, LONG D, et al. A cascading flash flood guidance system: development and application in Yunnan Province, China. Natural Hazards, 2016, 84: 2071 – 2093.

[160] ZHANG S, YUAN R, WU Y, et al. Implementation and efficiency analysis of parallel computation using OpenACC: a case study using flow field simulations. International Journal of Computational Fluid Dynamics, 2016, 30 (1): 79 – 88.

[161] ZHANG S, YUAN R, WU Y, et al. Parallel computation of a dam – break flow model using OpenACC applications. Journal of Hydraulic Engineering, 2017, 143 (1): 04016070.